キーエンス

高付加価値経営の論理

顧客利益最大化のイノベーション

大阪大学教授
延岡健太郎
NOBEOKA KENTARO

HIGH VALUE-ADDED MANAGEMENT at KEYENCE

PROFIT MAXIMIZATION FOR CUSTOMERS

日本経済新聞出版

キーエンス 高付加価値経営の論理

顧客利益最大化のイノベーション

High Value-Added Management at Keyence
Profit Maximization for Customers

延岡健太郎
NOBEOKA KENTARO

日本経済新聞出版

はじめに

キーエンスは、イノベーションにおいて、国内はもちろん、世界をも代表する生産財企業である。過去30年間（１９９２−２０２１年）の業績を平均しても、売上高営業利益率は40％を大きく超える。そのような製造企業は世界でも稀である。規模としても、２０２２年時点で、既に営業利益は４０００億円を超えた。２０２１年には時価総額が10兆円を上回り、国内の全上場企業のトップ５に入った。

近年は、さすがに、一般的にも興味・関心を持たれるようになってきたが、その実績からすれば、あまり目立った扱いはされてこなかった。キーエンスの創業者も、会社としても、本業で顧客や社会に大きな貢献をすることだけに集中し、その他のマスコミ対応や講演活動などは、意図的に避けてきた。

10年以上前から同社の研究を続けている筆者にとって、大変残念なことであった。２００９年に東洋経済新報社から出版したキーエンスを主題にした論文（延岡・岩崎〈２００９〉）は、いまだに電子版として、多くの読者に読まれているが、さすがに古くなった。

残念とする最大の理由は、キーエンスの経営が超一流なので、特に生産財企業に関係する多くの人々に、その本質をぜひ、知ってもらいたいと思うからだ。生産財企業のあるべき姿、原理原則をとことん追求している経営の真の姿を理解すれば、多くの読者が感動するはずだ。

一方、キーエンスは、特に広く紹介される必要もないと考えているだろう。既に、本業でイノベーション成果を大きく高め、顧客企業、関連企業、国・地方の財政、従業員などを含めて、大きな社会貢献を行ってきた。際立った社会貢献の内容については、具体的に本書で丁寧に説明する。驚異的に大きな実績を上げ続けてきた結果として、本業に専念することこそが社会的な存在意義だとの確信を深めただろう。

他の社会的な活動を増やすと、多少なりとも本業がおろそかになる。例えば、役員や社員が講演をすると、マスコミの取材も増える。その労力を本業に集中すれば、それ以上の社会貢献ができると信じている。そのため、これまでに、経営学分野の研究者に対して、キーエンスが積極的に取材調査に協力して、正式に出版を認可した書籍は存在しなかった。

筆者は、キーエンスの経営を正しく記述した著書が執筆・出版されるべきだと主に次の2点から信じてきた。

第一に、素晴らしい経営によって、大きな社会貢献をしているにもかかわらず、キーエンスは誤解されている部分が多い点だ。その一流の経営と社会貢献に相応しい尊敬を受けるべきだと信じている。

驚異的な利益を出す企業として、自社の利益のみを追求する企業ではないのかと誤解されやすいのだろう。しかし、実際には、顧客企業の生産性向上を主体として経営改善に多大な貢献をして、結果として生まれる大きな付加価値からは、潤沢な雇用や莫大な納税も含めて大きな社会貢献をしている。

加えて、組織文化としても、ブラック企業どころか、これほど従業員にとってホワイトな会社はないのではと思う。上下関係や公私混同を嫌い、若手の意見を大事にする文化は清々しい。

第二に、他の企業では見られない圧倒的に優れた経営を実践しているので、その内容を少しでも社会的に共有すれば、多くの企業にとって恩恵となる。キーエンスにとっては、模倣をされることによる負の影響がゼロではないかもしれない。しかし、圧倒的にプラスが大きいと考える。

例えば、トヨタ自動車はジャストインタイムに代表されるトヨタ生産方式の普及に貢献したが、負の影響があったとは考えられない。トヨタ自動車の協力企業も含めて、多くの企業の経営が改善され、さらには世界的に尊敬される企業になったプラス面が大きいだろう。筆者も、これまでに、トヨタ自動車の優れた経営哲学と仕組みを理論化して世界に広める貢献をしてきたことを誇りに思う（Cusumano and Nobeoka, 1998; Dyer and Nobeoka, 2000 など）。
マイナス面が少ない理由の一つは、トヨタ自動車やキーエンスの経営は、長年にわたり構築されてきた並外れた組織能力に支えられた仕組みなので、普通の企業が同じように実践することは極めて困難だからだ。本書についても、経営の目指すべき理想として理解・学習してほしいが、多くの企業にとって、少なくとも短期的に同じように実践することは容易ではない。

　このキーエンスの優れた経営が社会的に共有されるべきだという点は、第一の正当に尊敬されるべきだという点と、ある意味では相互依存関係にある。優れた経営が理解されれば、社会的に尊敬されるし、尊敬が高まると、他企業が学ぼうとする。いずれにしても、この両点から、キーエンスを正しく伝える著書の重要性が高い。

　このような目的のもとで、最終的に、キーエンスには、本書の出版に協力していただくことになった。関係者各位に心から感謝したい。実は、キーエンスとは以前から長年にわたり、多くの機会で交流があり、多数の方々から、様々な説明を受けてきた。また、今回の著書に限って言えば、担当いただいた方に、出版協力の承認や、聞き取り調査の社内調整、さらには原稿を読んで助言をいただくなど、全面的にご協力いただいた。ご多忙ななか、お時間をとってご協力いただいたキーエンスの方々には感謝するばかりである。

　実際であれば、ご協力いただいた方々のお名前を挙げて、感謝の念をお伝えしたい。また、社会科学研究の著書として、調査記録としても協力者の氏名を残したい。しかし、本書の内容からも示唆されているように、個々人が表に出て注目されることを避ける経営方針・企業文化なので、氏名を出すことは遠慮した次第である。もちろん、強い感謝の気持ちに変わりはない。

コンセプト・シナジー株式会社代表取締役の高杉康成氏には、数本の共著論文も含めて、長年にわたり多くの機会を通して、キーエンスの素晴らしさについて、様々なご教示をいただいた。本書についても、本来であれば共著にしてもよかったくらいに、彼の知見が含まれている。

加えて、キーエンスがまだ小さい頃の管理職であった株式会社ウィンズ社長の岩崎孝明氏から、15年以上前に、キーエンスの本質を初めて学んだ。先に述べた２００９年出版の最初の事例論文では共同執筆者になっていただいた。

お二人との出会いがなければ、キーエンスの研究自体を続けていなかったかもしれないし、本書は実現していなかっただろう。あらためて心より感謝申し上げたい。

本書の内容を簡単に説明する。まず、第1章と第2章で、最初に、キーエンスの高付加価値経営のポイントを簡単にまとめて説明する。特に、社会貢献を推進する経営哲学と、高付加価値が実現できている論理を中心に説明する。この2章だけでも、超優良企業で高収益の理由が理解できるはずだ。

第3章では、生産財企業のイノベーションに関する理論を概説する。第4章以降で、具体的な事例を説明しながら高付加価値経営の本質を経営学の視点から分析していくが、その前に、基本的な理論フレームワークを理解してほしいという趣旨だ。ただし、キーエンスの事例だけに関心のある読者は、この章をスキップしても、大きな問題はないだろう。

第4章から第6章までが、キーエンスの高付加価値経営に関する詳細な事例説明である。第4章は組織構造、第5章と第6章は経営プロセスである。第5章は、主に営業関係に焦点を当てて、いかにして優れたソリューション提案能力を構築しているのかを説明する。第6章は、新商品開発に焦点を当てて、高付加価値商品の開発プロセスを概説する。加えて、数種類の成功商品の事例分析を行っている。

終章は本書全体のまとめに代えて、他企業がキーエンスの事例から学べる点を概説する。

なお本文中の敬称は略させていただいた。

本書は、筆者の学者人生、最後の著書になる可能性が高い。寡作ではあったが、最初から最後までほぼすべての著書に付き合ってもらったのが、日経ＢＰ日経ＢＯＯＫＳユニット第１編集部の堀口祐介さんである。最後にあたり、より一層の感謝を申し上げたい。

２０２３年１月

延岡 健太郎

キーエンス　高付加価値経営の論理　目次

第2章 イノベーションの源泉――顧客企業の利益増加

第3章 生産財のイノベーション――理論解説編

第4章 顧客価値イノベーションの組織

第5章 顧客価値イノベーションを支えるソリューション部隊

第6章 高付加価値の新商品企画・開発

第 1 章

高付加価値経営による社会貢献

キーエンスは、世界の生産財企業のなかで、理想的な経営を続けてきた企業の一つである。企業業績としては、世界基準においてもトップクラスだ。本書では、この高付加価値創出を実現してきた経営の論理を解き明かす。

キーエンスの経営哲学と経営方針は、原理原則を徹底し、シンプルで一貫している。面白みに欠けるくらい、理路整然とした考え方が貫かれている。そのため、本書では、根幹となる経営方針を繰り返し説明するが、最重要点の理解をより深めるためなので、了解してほしい。

本章ではまず、目標としている高付加価値経営とは何か、および、その基盤にある経営哲学の特徴と意義を説明する。この経営哲学によって、社員全員が共通の目標と考え方を持ち、一丸となって取り組んでいるのが、キーエンスの強みの基盤である。

1 高付加価値経営の哲学

①顧客企業の利益を高める

経営哲学であり、また企業の目標として、創業時点から「最小の資本と人で最大の付加価値を上げる」を掲げる。ここで重要なのは、付加価値の最大化は、自社の業績目標に限定されることなく、社会の発展や人々の幸福に結びつく普遍的な経営哲学である点だ。

付加価値の最大化を実現すれば、自社の業績を高めるのと同時に、顧客企業とさらには社会全体の繁栄に貢献できる。また、ＳＤＧｓで掲げられている持続的社会を実現するためにも、最小の資源から最大の価値を生み出す哲学がカギを握る。資源の浪費を最小限にして社会へ幸福をもたらすのだ。このように、社会貢献の意味合いも強いからこそ、社員のモチベーション高揚にもつながる。結果として、持続的に効果的な経営哲学として、創業以来数十年間以上にわたり、驚異的な発展に寄与し続けている。

付加価値を最大化するための具体的な方法として、まずは、顧客企業の利益を高める商品・ソリューションの提案が目標とされる。具体的には、顧客企業の経営効率、生産性、品質を高めコスト削減・利益向上に結びつく提案である。顧客企業は、このような自社の利益向上を可能にする提案を、生産財企業に対して最も強く期待する。キーエンスは、経営方針として、この部分に経営資源を集中してきた。

つまり、付加価値最大化の経営哲学では、最初に、直接的な結果として、顧客企業の繁栄（利益向上）に結びつく点が重要だ。

キーエンスの商品・ソリューションに助けられて、大きな経済的効果が享受できれば、顧客企業はその費用対効果に応じて対価を支払う。費用対効果とは、顧客企業が享受する効果（経済的効果）が支払う費用（価格）に対してどれだけ大きいかの指標である。

顧客企業が享受できる経済的効果は、主には、先に述べた生産性向上やコスト削減などにより、利益が高まる程度で決まる。キーエンスは顧客企業に大きな経済的効果を提供するので、顧客企業が支払う対価（価格）も大きくなる。それが、キーエンスの最大の強みであり、高業績・高付加価値の源泉である。

②新商品開発とソリューション営業の両輪

この目的を実現するために、社員全員が、常に顧客企業の利益増加を実現する方法を考えている。特に、優れた新商品開発とソリューション営業が両輪となって取り組まれなければならない。具体的には、営業だけでなく商品開発担当者も、多くの顧客企業の現場を知り尽くして、なるべく多くの顧客に向けて、より大きな利益向上をもたらすための方法（商品＋ソリューション）を検討し続けている。

一般的に、キーエンスの強みを説明する際に、営業力やソリューションの強みが強調される場合が多い。しかし実際には、ソリューション能力だけでなく、技術も含めた商品力が極めて高い。しかも最重要な強みの神髄は、新商品開発とソリューション営業の両者がうまく統合されて、それらの相乗効果によって、大きな顧客価値を創出している点だ。

キーエンスの高付加価値経営によって恩恵を受けるのは、顧客企業だけではない。顧客企業の利益向上の結果として創出された大きな付加価値（≒売上総利益）が、広く社会に分配される。潤沢な雇用機会を生み出し、高額な税金（法人税、所得税）を支払い、研究開発など将来へ向けた投資が可能になるので、社会的に大きな価値を生み出す。つまり、顧客企業へのお役立ちの程度で、付加価値が大きくなり、それによって、社会全体が潤う。

　このように、キーエンスが目指す付加価値の最大化こそが、社会貢献なのだ。

　次章で、大きな顧客価値を生み出す論理とそれを実現する組織能力や仕組みを概説するが、その前に以下では、キーエンスの概要と経営哲学、そこで創出される大きな付加価値がもたらす社会貢献についてもう少し詳しく説明しよう。

2　キーエンスの歴史——イノベーション企業のあゆみ

①20年以上にわたり売上高営業利益率40％以上

　キーエンスは最初、滝崎武光が１９７２年に兵庫県伊丹市にリード電機として創業した。その２年後には株式会社に改組し、兵庫県尼崎市にリード電機株式会社を設立した。１９８６年には、リード電機から現在の株式会社キーエンスに社名を変更。１９８７年に大阪証券取引所市場第２部、90年に東京・大阪証券取引所市場第１部に上場された。

図表1-1　売上高と営業利益の推移

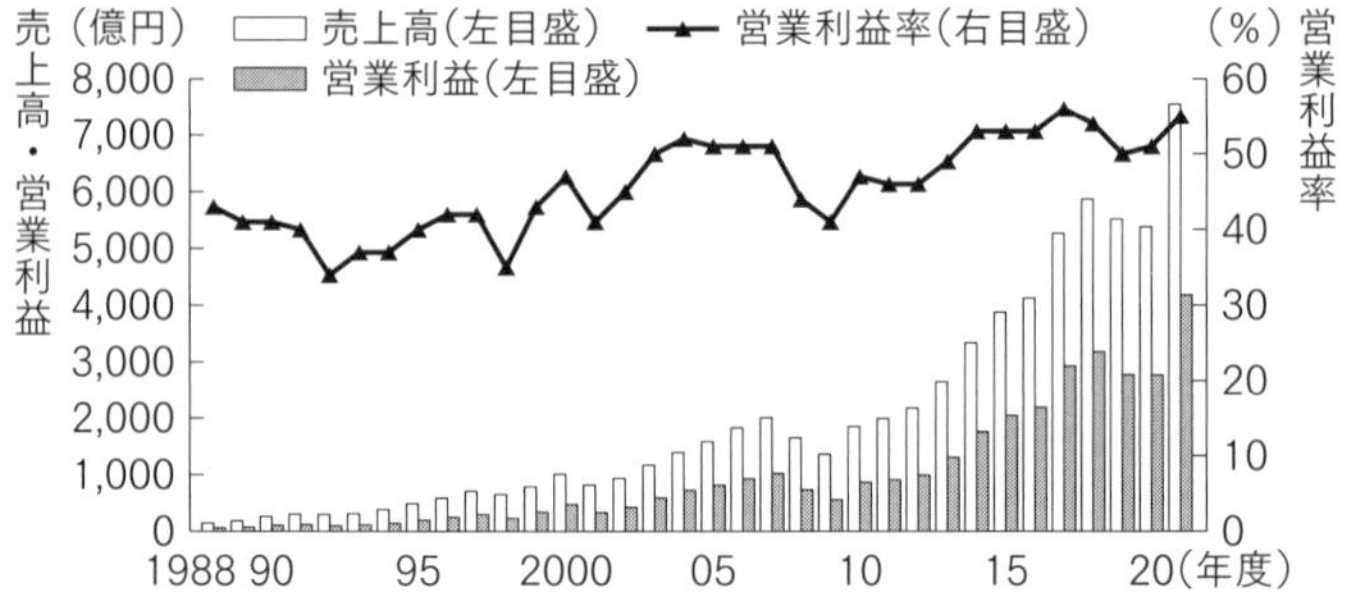

　滝崎は１９４５年に生まれ、兵庫県立尼崎工業高校を卒業し、外資系のプラント制御機器メーカーに勤務後、２つの会社を立ち上げ、その後解散した。その経験から学んだ内容を踏まえて新たに創業したのが、リード電機である。

　図表１―１にあるように、上場以降、30年間以上、突出した業績と成長を続けている。特に、売上高営業利益率は驚異的である。売り上げが１０００億円を超えて、規模が大きくなった後の２０００年度からの22年間でも、売上高営業利益率が40%を下回ったことはない。一般的に優良企業と呼ばれる企業でも、営業利益率は10～20%程度なので、突出している。最も落ち込んだリーマン・ショック時（２００９年度）でも41%に達していた。

　最新の２０２１年度（22年３月期）は、売上高が７０００億円、営業利益が４０００億円を超えた。営業利益については、売上高に対する比率だけではなくその額としても、製造業のいわゆる一流大企業の多くを凌いでいる。

また、海外売上高比率も増加し続けており、２０２２年時点では約60％になった。経営方針やプロセスが世界中で一貫している点も含めて、グローバル経営における成功も顕著である。

２０１４年度以降21年度まで8年間は、常に売上高営業利益率が50％を超えている。結果的に、比較的、新しい企業であるが、２０２３年1月時点で見ても、時価総額は13兆円を超え、日本企業では、トヨタ自動車、ソニーなどとともに、トップ5に位置している。参考までに、他の生産財中心の電気機器企業の時価総額は、同時点で、三菱電機が約3兆円、ＮＥＣは約１・５兆円である。

このような常識では考えられないくらいに高い利益率を長年にわたり記録してきたので、過度に利益を追求したブラック企業と誤解される場合もある。しかし、キーエンスはまったく異なる。それどころか、実際には、大きな価値を新たに創出することによって世界を豊かにしてきた、尊敬に値するイノベーション企業なのである。

本書の最大の目的は、読者にそれを理解してもらうとともに、このような企業になるためのヒントを提供することである。

②正しい意味でのイノベーション企業

キーエンスは日本で最大のイノベーション企業の一つだが、一般的には、あまりそのように思われていない。それは、イノベーションの本来の定義を曲解している人が少なくないからだ。イノベーションとは、手段としての技術革新とは異なり、結果として、顧客や社会が享受できる新しい価値を創造・提供することだ。それが、技術革新（手段）とイノベーション（結果）の最大の違いである。しかし一般的には、イノベーション企業とは、これまでの世の中にない、ＡＩ（人工知能）やロボットなど革新的な技術を使った新商品を開発する企業のように考える傾向がある。

キーエンスもそれらの革新技術を使用するが、あくまでも手段として活用して、結果として顧客と社会に向けて大きな価値を創出しているからこそイノベーション企業なのだ。

実際には、正当に評価されて、日本を代表するイノベーション企業の一つに位置づけられてきた記事・文献も多い。例えば、２０１０年頃には既に、『イノベーションのジレンマ』で有名なクリステンセン他著（２０１１）の『イノベーションのＤＮＡ』でグーグルなどＧＡＦＡ企業とともに、キーエンスが優れたイノベーション企業の世界トップ25に選ばれていた。また、「日経クロストレンド」が２０１９年に発表した国内におけるイノベーション企業のトップは、トヨタ自動車やＬＩＮＥを押さえて、キーエンスであった。

地球上に存在する限られた資源から、新たに大きな価値を創り出すイノベーションこそが、社会の繁栄をもたらす。資源を無駄にしないので、持続可能な社会にとっても重要である。ＡＩなどの手段ではなく、結果としての大きな価値がイノベーションだ。キーエンスが目指す付加価値の最大化は、イノベーションの最大化とも言い換えることができる。そこには、イノベーションに向けた考え抜かれた論理と、実現するための優れたマネジメントが存在する。

3　目標としての付加価値最大化と社会貢献

①付加価値とは

新しい価値を創出するという意味でのイノベーションによって社会は繁栄する。この考え方を背景にして、キーエンスは創業以来、付加価値の最大化を目標として掲げてきた。

本書のタイトルにもある「付加価値」がキーエンスの経営のカギを握るが、その言葉には注意が必要である。付加価値の定義を復習しておこう。付加価値とは、企業が購入した原材料等に新たに付加された価値であり、簡易化すると売り上げ（総生産額）から原材料費等を引いた差分だ。原材料に「価値を付加」して販売価格にまで高めるので、その差分が「付加価値」または「付加価値額」と呼ばれる。

日本国内の経済活動で創出された付加価値を合計したのが、「国内総生産（ＧＤＰ）」である。国の成長や豊かさを象徴する指標なのでその意味でも、付加価値の正しい理解は重要だ。

企業の財務諸表には、付加価値額の項目はない。最も近いのは、定義が同じではないが売上総利益または粗利益（短縮して総利益または粗利）である。そのため、本書では、便宜上、総利益および粗利と付加価値（または付加価値額）を同等な意味で使用するので、注意してほしい。

つまり、企業で、付加価値額を最大化するには、売価と原材料費の差分（総利益・粗利）を最大化することを意味する。加えて、経営のなかで収益力を重視する場合には、売上高に占める付加価値額の比率も重要だ。

しかし、付加価値という言葉は、日常通俗的には、少し異なったニュアンスで使われる場合もある。例えば、多くの企業で聞かれる「次の商品は独自の付加価値を付けたい」では、何か独自で付加的・追加的なものを上乗せして、販売価格を高めることを意味する。

この場合には、機能や装備を追加するので、原材料費と売り上げ（価格）の両方が大きくなり、それらの差分だけに注目しているわけではない。元来の売り上げと原材料費の差分として定義される付加価値額とは、少しニュアンスが異なる。

例えば、一般的には、カフェで生クリームを付加するウィンナコーヒーの方がブラックコーヒーよりも付加価値が高いメニューだと思われている。しかし、元来の付加価値の意味からすれば、数十円の原材料から４００円の商品を生み出すブラックコーヒーの方が、コストの高い生クリームを入れて４５０円で販売するよりも、少なくとも売上高に対する比率で言えば、付加価値率は高い場合が多い。

キーエンスが目指す付加価値は、元来の意味での付加価値、つまり売価と原材料費の差分（総利益・粗利）であり、加えて、その売り上げに対する比率を重視する。そのため、商品開発の章（第6章）で説明するが、付加価値の最大化を重視するために、顧客の課題や潜在ニーズを見極めたうえで、顧客価値が比較的に低い装備や機能を商品仕様から削除する事例も少なくない。

通俗的な使い方では、「付加価値を重視して、特定の機能や装備を取り除く」とは、あまり言わないだろう。この点で、付加価値の言葉が表すニュアンスの違いに注意してほしい。

②イノベーションの指標——売上総利益（≒付加価値額）

キーエンスは創業以来、イノベーションの目標として、付加価値の最大化を目指してきた。その目安として、売上高に占める総利益・粗利（≒付加価値）の割合を8割程度と想定し、これまで30年間にわたり、そのレベルをほぼ実現してきた。なお、粗利率の8割は達成すべき目標として設定されているわけではなく目安だとキーエンスは強調する。そのため、社会への貢

図表 1-2　総利益（≒付加価値額）、販管費、営業利益
（2022 年 3 月期　単位は億円）

	キーエンス	NEC	三菱電機
売上高	7,552	30,141	44,768
売上原価	1,340	21,277	32,122
総利益（≒付加価値額）	6,212	8,864	12,646
対売上高比率	（82％）	（29％）	（28％）
販売費及び一般管理費	2,031	7,630	10,137
対売上高比率	（27％）	（25％）	（23％）
営業利益	4,180	1,325	2,521
対売上高比率	（55％）	（4％）	（6％）

（出所）各社の連結財務諸表から筆者作成

献度合いなどが大きい商品であれば、その数字にこだわることはない。

図表１－２にもあるように、２０２１年度（22年３月期）の売上高総利益率は82％である。参考までに、同様に生産財をメインとするＮＥＣや三菱電機などの売上高総利益率は30％にも届かない。

総利益率（粗利率）が８割であれば、例えば、キーエンスが10万円の原材料を使って開発・製造した商品に、顧客企業は50万円の価格を支払うことを意味している。その８割の40万円が粗利になる。一方で、粗利率が３割の一般的な大企業の商品には、顧客企業は14万円しか払わない計算になる。10万円の原材料費からつくった商品を14万円で販売すれば、その粗利が４万円で、それが価格の約３割に相当する。

なお、研究開発費も含んだ「販売費及び一般管理費」の比率はこれら３社では25％前後と大きく変わら

ないので、総利益からそれを差し引いた営業利益も当然、大きな差異がある。図表1－2に示すように、売上高営業利益率は、キーエンスが55％で他社は5％前後である。

同じ10万円の原材料費を使った商品に対して、顧客企業に50万円を支払わせているキーエンスは、14万円しか支払わせていない他社よりも利益重視で社会的に良くない企業なのだろうか。

付加価値の最大化を目指す経営は、必然的に大きな利益を生み出す経営となり、社会貢献とは相反すると誤解される場合がある。しかし実際には、キーエンスを分析すると、大きな売上総利益を上げることで、顧客へ大きな価値を提供するだけでなく、極めて高度な社会貢献をしていることがわかる。

③高付加価値の論理――高価でも大きい「費用対効果」

ここで最も重要なのは、総利益率が80％以上と大きいのは、キーエンスのおかげで顧客企業も同時に大きく利益を高めているという点だ。生産財企業なので、顧客は企業である。企業が高い対価を支払うのは、通常は合理的な視点から、経済的価値が高く、高価でも費用対効果が大きい場合である。つまり、顧客企業がキーエンスの商品によって実現できる利益増加（生産性向上、コスト削減、品質・商品性向上など）の程度によって、支払う金額が決まる。

なお本書ではこのように、顧客企業が生産性向上、コスト削減、品質・商品性向上などを通して、利益が増加する効果を、顧客にとっての「経済的価値」と定義する。つまり、顧客企業にとっての、「費用対効果」の「効果」に当たるのが、経済的価値である。

顧客企業が、提供される商品・サービスの費用対効果を評価して、生産財企業へ対価を支払うのは、一般的に、企業が回収率を考えて投資額を決めるのと同じである。

生産財なので、顧客は主観的な感性的価値ではなく、商品の仕様・品質などの機能的価値を客観的に評価して、購入を決定するという説明を見ることもある。しかし、それでも十分な理解ではない。顧客企業にとっての経済的価値（利益増加）と、そこから計算できる費用対効果を評価して購入を決める。購入する商品の機能・仕様や品質の高さと、個々の顧客企業が享受できる実際の経済的価値が、ほとんど対応しない点は、本書で何度も強調する最重要点の一つだ。

簡易化した例を考えてみよう。キーエンスが提案する商品・ソリューションのおかげで、ある顧客企業において、１００万円のコスト削減（経済的価値）が実現できたなら、その効果に応じて、単純化して言えば50万円をキーエンスに支払っても費用対効果が十分に高い。原材料が10万円の商品でこれを実現すると、結果的に、粗利８割になる（10万円の原材料で50万円の売り上げ）。

この場合、50万円の価格であれば、キーエンスの粗利が８割となり、儲けすぎだから価格を下げるべきだろうか。キーエンスが、顧客企業も気づいていなかった１００万円のコスト削減を提案できたのであれば、50万円の対価を受け取るのが適切である。

価格を下げると、その経済的効果に対して顧客企業だけが大きな利益を得ることになり、逆の意味で不公平だ。顧客企業は経済的価値に見合った対価を支払うのが、経済システム上も適切である。加えて、顧客企業はそれだけの対価を支払っても、それ以上の大きなコスト削減ができて喜んでいる。費用対効果が十分に高いのである。

このように、キーエンスの売上高総利益率が高いのは、顧客企業が他の生産財企業から購入するよりも、キーエンスから購入する方が、大きな利益を上げることができるからだ。一方で、前述のように、多くの一流（と呼ばれる）生産財企業は、顧客企業に真の経済的価値が提供できていない。キーエンスと一般の生産財企業との最大の差異は、常に、すべての経営局面において、顧客企業の利益向上を最大の目的にできているかどうかである。

顧客企業の立場で考えると、同じ設備やシステムを導入して、１００万円のコスト削減ができれば50万円支払うだろうし、20万円しか削減できない場合は、14万円しか支払わない。キーエンスの全従業員（特に商品開発・営業）は常に、この例で言えば、なるべく多くの顧客企業で１００万円のコスト削減ができる商品・ソリューションを考え続けていると言っても過言ではない。

4　付加価値の社会的価値——雇用、税金、研究開発

優れた生産財のイノベーション企業は顧客企業に大きな経済的価値をもたらす点を述べた。次に、それによって大きな付加価値（売上総利益）を創出することが、自社と顧客企業を超えて同時に、社会全体の繁栄に結びつく点を簡単に説明しよう。

社会貢献という点では、キーエンスのように営業利益ではなく売上総利益をイノベーションの目標として設定することが重要だ。総利益から「販売費及び一般管理費」（販管費）を減じたのが、営業利益である。そのため、営業利益を最大化する経営であれば、様々な経費とともに、雇用（賃金）や研究開発費を削減すればよいことになる。それでは、真の意味での社会貢献にはならない。

①雇用・賃金への貢献

総利益を高めることができれば、まず、そこから雇用を多く創出し、賃金についても潤沢に分配することができる。雇用や賃金を削減すれば増える営業利益とは異なる。

売上高総利益率8割を達成し続けているキーエンスは、潤沢な総利益から、常に日本で最も

多くの賃金を従業員に支払う企業の一つとして君臨してきた。

有価証券報告書によると、２０２２年３月期（21年度）では、従業員数２５９９人の平均年収が２１８３万円である。なお、連結の従業員数は８９６１人だが、その平均年収ではない。また、２０１４年度からの推移を見ると、平均年収は常に１６００万円以上で、21年度のように２０００万円を超える年もある。日本企業のなかで、常にトップクラスの年収を誇ってきた。労働生産性（一人あたりの付加価値）を最大化した結果である。

典型的な日本の大企業は、社会的な役割として、従業員の雇用を大事にする会社だと主張する。しかし、総利益と労働生産性を高めることができなければ、給料を高めたり長年にわたって安定的に雇用を維持し続けたりすることはできない。雇用や従業員を大事にしているというだけではなく、その資金源が重要だ。従業員の雇用重視と主張するだけでは、偽善に終わる場合もある。

実際に、ほとんどの大企業では、過去数十年間のどこかの時点で、業績が悪化して、リストラや希望退職を実施しなくてはならない状況に直面してきたのではないか。しかも特に、社会全体が不景気に苦しんでいる場合には、個々の企業の責任ではなくて、不況だから仕方がないと言い訳をする企業も多い。

キーエンスは、付加価値創出の確固たる仕組みを持っているので、創業以来、リストラなどは行っていないのは当然である。前述のようにリーマン・ショックのときにも、赤字にはなっていないどころか、売上高営業利益率40％を維持した。

以前は、給料が高すぎることが批判の対象になる場合もあった。しかし２０２０年頃以降は、日本全体で、ようやく、賃金を上げる努力が推進・歓迎されるようになった。そのなかで、キーエンスは先進的な成功事例となっている。結果的に、日本経済の活性化に寄与するとともに、自社の従業員もその家族も幸福にしている。

②イノベーション活性化資源への投資

次に、総利益が増えれば、雇用や賃金だけでなく、社会の未来に向けた基礎研究や研究開発などのイノベーション基盤へも多くの資源を投下することができる。

キーエンスのイノベーションに向けた大きな投資の一つは、顧客企業へソリューションを提案する直接販売の営業部隊だと言うことができる。創業以来、代理店に依存しない直接販売を続けてきた。多くの生産財企業は、固定費を削減するためにも、軽い経営を目指して、代理店に販売を委託している。

逆にキーエンスは大きな売上総利益があるからこそ、国内外に数千人にも及ぶソリューション営業部隊を抱えることが可能になっている。本書の主題の一つでもあるが、そのソリューション部隊が、顧客企業の効率改善や問題解決を提案することによって、イノベーション創出の原動力の一つになっている。顧客企業において大きな価値創出を実現する高いコンサルティング能力を構築しているのだ。

総利益が大きければ、基礎研究に多くを投下して、先端技術を通じて社会貢献することも可能である。企業の短期的な利益に結びつかなくても、社会的な共有資本として、技術力が蓄積されるので、大きな社会貢献になる。営業利益を低く抑えてでも、莫大な研究開発投資で社会貢献する優良企業もあってよい。

日本を代表する大手製造企業は、多くの優秀な技術系人材を抱えて、最先端の研究開発を通して、社会貢献をした時代もあった。企業の研究所からノーベル賞受賞者も輩出した。しかし、近年は残念ながら、大きな売上総利益を生み出すことができないので、中央研究所を縮小する企業が多い。

イノベーションの成果として、大きな売上総利益を実現することで、研究開発やソリューション営業部隊などへ、戦略的に大きな投資が可能になり、その効果がうまく実現できれば、それがさらに大きな売上総利益に結びつく。それによって、さらに大きな戦略的な投資が可能となる。このような、戦略的な投資と売上総利益の間で、好循環を生み出すことが、企業としても社会としても重要である。

③国・自治体への税金での貢献

売上総利益（≒付加価値額）が社会貢献に結びつく点を説明してきた。売上総利益が大きい場合、そこから従業員の賃金や研究開発費など販管費に潤沢な資金を活用したとしても、残った部分は営業利益として、通常は大きくなる。

キーエンスでは、大まかに言えば多くの年で平均的に、売上高総利益率が８割で、そのなかから販管費に３割使っても、営業利益率は５割を実現してきた。大きな営業利益からは莫大な法人税を支払っているが、それも、重要な社会貢献である。

例えば、２０２２年３月期の財務諸表によると、「法人税等」の支払いが約１３２０億円である。公表されている連結の従業員数約９０００人で割っても、計算上は、一人あたり１５００万円近い法人税を支払うことになる。また、法人税だけでなく、従業員の年収も大きいので、そこから支払う所得税も多い。イノベーション企業では、従業員一人ひとりが、このような形でも、国や自治体の財政を支え、社会貢献をすることになる。

このように、大きな付加価値を創出するイノベーション企業は、様々な側面から、社会を豊かにするのである。

④象徴的な日本伝統企業との共通点――会社は公器

キーエンスが優れた経営哲学を基盤とした、際立った社会貢献企業だと主張しても、なかなか、納得を得られない場合もある。しかし、この経営は、「会社は公器」だと主張して、尊敬を集めてきた松下幸之助の考え方に近い（松下、１９７８）。

松下幸之助は、お客様が欲しい物ではなく、それを超えて、本当に役立ち、喜んで感動する商品を提供するようにと社員に伝えた。次に、お客様が喜んでくれたご褒美としていただいた売り上げと利益によって、社会にお返しをしようと考えた。潤沢な売上総利益から、雇用を多く創出して、リストラは行わず、国のために税金も十分支払うことが、松下電器が果たすべき公器としての役割だと考えていた。まさに、キーエンスが実施してきた内容だ。

松下幸之助とキーエンスの共通点は他にもある。例えば、「日に新た」の考え方もまったく同じだ。キーエンスは、本社ビルにいくつかの化石を置き、過去にこだわることへの戒めとした。業務のやり方についても固定することを嫌う。

実はこの点では、本書の内容についても影響があった。特定の経営プロセスを成功要因として、断定的に記述すると、キーエンスから「そのやり方が固定されているわけではなく、世の中の変化に応じて変わります」との指摘を何度か受けた。

また、松下電器が昭和８（１９３３）年に日本で初めて採用した事業部制組織を、本書でも詳しく説明するが、キーエンスでは、高付加価値経営の実現のために最大限活用している。商品開発と営業から、戦略管理まで、9つの事業部別に完結された組織になっている。各事業部が独自に主体性を強く持ち、目標へ向けて一丸となって経営することによって、事業部制の優位点が顕著に表れている。

5　社会貢献の本質と粗利8割

①企業の存在価値と社会貢献

一般的に、企業の広報資料では、「社会貢献」の頁にボランティア活動や文化・スポーツなどへの支援が書かれている場合が多い。しかしキーエンスでは、本業による社会貢献の重要性を強調している。具体的には、自社の得意とする分野で、自社でしかできない優れた商品とソリューションによって、大きな付加価値を創出することこそが、社会貢献だと考えている。

自社が創り出す付加価値こそが社会貢献だ、と主張しても、一般の人々には伝わりにくいだろう。前節で概略は理解してもらえたことを願っているが、もう少し詳しく説明しよう。

災害復旧援助などの目標を定めた単発的な寄付金の価値はもちろん大きい。しかし、特に、長期的な視点から社会貢献を考えると、自社が構築した組織能力や技術力によって顧客企業がより潤うための商品・サービスを提供し続ける方が、その波及効果も考え合わせると、より重要だとも言える。

大きな付加価値を創出し、潤沢な雇用やイノベーションへの投資を行い、さらには多大な税金を納め続ける方が、社会経済全体の持続的な繁栄には、より大きな貢献になる。

そのような社会貢献をもたらす優れた経営の仕組みをつくりあげることこそが、企業の社会的な存在価値だ。この点では、特定の時期に限定されるとしても、一流企業と呼ばれてきたトヨタ自動車や松下電器、キヤノンなども同様な意味で大きな社会貢献を積み重ねてきた。

また、世の中の限られた資源を最大限効率的に活用して、社会や顧客に役立つ大きな価値をつくりだすことは、経済面だけでなく地球の環境面からも良い。持続可能な社会のためにも、この考え方が大きな貢献をもたらす。

社会貢献が大きいイノベーション企業は、薄利多売の安売り競争はしない。顧客価値を考え抜いて、独自性の高い大きな価値を持った商品に絞り込んで提供する。物理的な生産量が少なくても、顧客へもたらす喜びは大きいので、経済的な生産性は高く、社会経済は十分に潤い、環境への悪影響を最小限に抑える。さらには、そのような商品であれば、売れ残ったり、使わなかったりで、廃棄する無駄も少ないはずだ。

②高い社会貢献を目指した目標――「成果額」

前述の通り、キーエンスがこれまで創り出してきたイノベーションの実績は、売上高総利益率が長年にわたり8割を超えてきた点に象徴されている。それは社会貢献、つまりお役立ち度合いの指標でもある。重要な理由もなく、8割を大きく下回るようであれば、その商品は「顧客や社会にとっての価値が、自分たちが目指すお役立ちのレベルに到達していない」ことを意味し、そのままでは、市場に導入しない場合もある。利益が低いからというよりも、企業の目標として設定した社会貢献ができていないから出さないのである。

もう一度考え直して、もっと顧客企業に役立つ商品を開発して、社会に多大な貢献ができる商品を目指そうということである。具体的には、もう少し工夫して、顧客企業へより大きな経営改善を提案して経済的価値を高め、もっと高くても喜んで購入してもらえる商品を、徹底的に検討する必要があるということだ。

高レベルの売上総利益（≒付加価値額）によって社会貢献を目指すのは、商品開発も営業もすべて同じである。目標設定も業績評価も、売り上げではなくて付加価値額が主体である。営業担当者も、付加価値額をもとに算出された独自指標である「成果額」で評価される。営業担当者は、顧客企業の利益を高めて喜んでもらった結果としての、成果額を重視すると明言する。売上高よりも付加価値額の方が、顧客・社会への貢献を正しく反映している点を理解している。そのため、自分の売上額は気にしていないので、聞かれてもすぐには答えられない場合もあるという。値引きをしてでも、売上ノルマを達成しようとする多くの企業の営業担当者とはまったく異なる。

6 組織哲学――役職・階層より論理

①個人と仕組みの両方が強い二刀流

ここまで説明したような高い目標を掲げて、それを実現するためには、組織全体としての考え方や運営方針にも一貫したアプローチが必要である。

優れた特許や技術が目立たない一方で、大量の営業部隊を抱える大阪の高収益製造業、キーエンスに抱く一般の人々のイメージは、金儲けを優先する泥臭い企業かもしれない。しかし、実際には、経営方針も企業文化もその真逆の企業だ。高度に知的で洗練された最先端の企業経営と言っても過言ではない。

キーエンスの組織的な特徴を簡単に言うと、「高い目標に向けて、ソリューション提案能力が極めて高いプロ集団が、理路整然とした明確な経営方針を基盤として、一丸となって邁進する組織」である。個人の能力は全体的に極めて高いが、特別に際立った能力で選ばれたリーダーが牽引するのではない。創業以来常に、特定の個人ではなく、優れた組織の仕組みで運営される企業を目指してきた。

しかし、説明が難しいところだが「個人の能力に依存せず、組織の仕組みで経営されている」わけでもない。この組織のイメージとして近いのは、経営コンサルティングのマッキンゼー・アンド・カンパニーであろう。目標に向けて実行するための経営組織の仕組みが頑強でありながら、個人が主体的に考え行動する能力や知識も極めて高い。組織か個人かということではなく、両方が高度な二刀流である。

このように、創業以来、特別に優れた経営トップやシニアマネージャーがいなくても、際立った業績を上げ続けることができる組織を目指してきた。ただし同時に、個人の能力も極めて重要なので、組織プロセスのなかで、日々、高度な学習を積み重ねる仕組みが内在している。それによって、組織と個人の強みが相乗効果を発揮しながら、企業として年々、高付加価値経営能力が強化されてきた。

特定の個人やリーダーの能力に依存しない組織でありながら、高い業績を出し続ける企業の凄さの源泉は何か。それは経営方針と組織の論理として、徹底して市場原理・経済原則（原理原則）を追求する合理性である。この点を次に説明しよう。

②明確な論理（ロジック）と合理性

顧客企業の生産性（利益）向上を最大の目標として、それを実現するための方法を全員で考え抜く。個人の主観的判断ではなく、多くの顧客企業の現場と明確な価値向上の論理に裏づけされた合理性が重視される。

そのため、基本的なルールとして、正しい論理や判断であれば、組織上の役職は関係なく、新入社員の発言でも、それが採用される。市場原理・経済原則などの原理原則が主軸なので、誰が言ったかは関係なく、発言の内容だけで評価される。

そのルールが基盤となるため、部門のトップでも、強力なリーダーシップを発揮して、自分の主観的な考えを押しつけることはしない。すべての戦略立案や意思決定は、正しいロジックと事実に即していなくてはならない。組織的な階層やポスト、年齢、性別などで、意見や発言が色づけされてはいけないのである。

この経営方針によって生じた重要な成果の一つは、若手でも常に積極的に自分の意見を述べる文化であろう。すべての発言は公平に扱われ、論理的に正しい議論であれば、常に先輩や上司からも誠意を持って聞いてもらえる。そのため、活発な意見交換や議論が気持ちよくできる。

同時に、意見を述べる機会が多いと、新入社員の段階から、一生懸命考える癖がつく点も重要だ。また、事実や論理に即した議論が重視されるので、中堅社員も含めて、全員が常によく勉強する。顧客企業の業務や現場は当然として、最新の業界・市場動向や新技術情報を勉強しなくては議論についていけない。

キーエンスが企業理念として重視している「目的意識を持って主体的に行動する」に関しても、ロジックを優先する文化が支えている。前例や、常識、慣習、組織階層などではなく、目的の設定も含めて自ら正しいロジックを考え抜き、徹底的に勉強したうえで、率先して行動を起こす。

多くの企業では、上司や先輩の考え方を忖度《そんたく》したり、遠慮したりで、若手社員の優れた意見も、表面に出てこない場合が多い。経営の質を高めるためには、意見交換や議論を活性化する企業文化の醸成が必要不可欠だ。

③階層ではなく役割分担

このように原理原則と合理性が最優先されるプロフェッショナル集団なので、組織の階層はあまり重要ではない。この点を象徴する一つが、部門トップの役職名である。

キーエンスでは、ほとんどの場合に、部門やグループのトップに「長」をつけるのを避け「責任者」と呼ぶ。事業部長は事業部責任者、営業所長は営業所責任者である。それ以外でも、例えば、センサ事業部長ではなく、センサ事業部責任者と呼ばれる。さらには、一般の部長やグループ長も同様だ。例えば、事業推進部長ではなく、事業推進部責任者、商品開発グループ長ではなく、商品開発グループ責任者だ。

部門トップは階層として上に位置づけられる「長」ではなく、役割分担として、責任を持ってまとめる「責任者」なのだ。

顧客の現場で起こっている事実と、それを価値に結びつけるロジックが重要なのであって、役職が上の人間が、その権限で何かを決める必要性は小さい。組織の階層意識がゼロではないが、極力、抑えるということだろう。

組織の階層を重視しない点についても、経営理念「目的意識を持って主体的に行動する」と整合性が高い。漫然と部門責任者の意見に従うのではなく、従業員全員が、自分で目的を考えて、それを主体的に発信し、実現することが求められている。

キーエンスの聞き取り調査のなかでは、長ではなく責任者と呼ぶ理由として、階層としての役職ではなく役割分担だからだ、という説明を何度か聞いた。責任者は上位の立場から命令したり率先するというよりも、理路整然と整理して組織をまとめる役割を担う。

そのため、責任者は出世の象徴という意味合いも小さい。つまり、その役割はその能力がある人材が順番に担ってもよい。キーエンスの人事制度では、昇進争いも過剰にならない。また、責任者のポストを交代しても、降格という印象がない場合も多い。

しかも、組織の概念が、階層や序列ではないことから、若手が責任者に就きやすく、実際にその事例も多い。営業所責任者にも、30代前半で任命されることも少なくない。この点は、若いときから任せて育てる人材育成の方針とも一貫性がある。

加えて、キーエンスらしいのが、これを形式的・象徴的に実施しているわけではなく、組織の運営方針を純粋に反映させている点だ。「社内では事業部長とは一度も聞いたことはありません。すべて事業部責任者です」と社員は言う。しかし、外部に出る資料、例えば、新聞の人事異動報告や、有価証券報告書の取締役の説明などには、「事業部長」「営業所長」「事業推進部長」などと書いてある。名刺の役職も同様に例えば「事業部長」になっている。社内では、階層、役職や年齢にまったく左右されない企業文化を徹底しつつ、社外からは、一般的な名称の方がわかりやすいので、実質本位でそうしているのだ。

また、当然ながら、社内では、無意識のうちに階層意識を持つことを避けるため、役職ではなく「さん」づけで呼び合う。新入社員が社長を呼ぶときでも同じだ。加えて、会話をする場合には、階層に関係なく、すべて丁寧な言葉を使う。その点でも、上下関係を排除する。上司や先輩が、若手社員に対して、呼び捨てにしたり乱暴な言葉を使ったりはしない。社内で業務内容に関して議論したり情報交換したりする場合には、各人が対等な立場なのである。

キーエンスには、ブラックとは言わないまでも、猛烈にアグレッシブな組織のイメージが一般的にあるようだが、まったく当てはまらない。ただし、もちろん、従業員にとって楽な組織であるわけではない。一般的にも、３Ｍやトヨタ自動車など優れた企業は、他の競合企業よりも従業員に対して、Ｗｈｙを何度も繰り返したり、常に現場に行ったりと、調べ抜いて考え抜くことを求める。また、トヨタ自動車では、社外の他企業や官庁との会議にも基本的には一人が参加して、すべての責任を持つことが要求されるという。無駄は排除して、個々人の自主性、責任感と考える力を重視する。

キーエンスもそれと同様で、正当で納得のいく理由によって、組織・人材を厳しくマネジメントするのは、一流企業として当然のことである。

7　社会貢献に向けた共同体としての会社

①個人より組織・チーム――「業績賞与」

組織の階層にはこだわらず、目標達成に向かって邁進するのは、スポーツチームと似ている。サッカーの試合中は、先輩・後輩もなく、対等な立場で指示を出し合う。加えて、個人の成果以上にチームの勝利を目指すのも同じだ。階層や個人のポストを重視していては、目標は達成できない。

キーエンスでも、個人の成果だけではなく、チームや組織全体での目標達成を重視する。具体的な目標は、繰り返しになるが、顧客企業に大きな経済的価値を提供することによって、自社の付加価値を最大化することだ。

それを社員全員で追求することに向けて、個々人の参画意識やモチベーションを高めることが求められる。そのため、給与・賞与についても、まずは会社の業績が毎月、全員に反映される。つまり、給料の高低を決めるのは、個人の業績評価が主体ではない。

毎月、会社として創出した付加価値が、社員の給与に反映される。具体的には、全社の営業利益の一定割合が、基本給に加算される仕組みがあり「業績賞与」と呼ばれる。これによって、従業員の経営参画意識が向上する。平均年収が過去数年間を見ても、１６００万円から２２００万円近くまで比較的大きく上下しているのは、毎年の営業利益に依存するからだ。すべての日本企業のなかでも年収が最高位にあるので、強力な成果主義だと誤解される場合もある。実際には、会社の高業績がそのまま全社員に反映されている点が、平均年収が高い最大の理由である。そのため、平均年収がここまで高い企業のなかでは、階層や成果の違いによる個人間の格差は比較的小さい。

業績賞与が年収の大きな部分を占める点は、逆に言えば、会社の業績が下がると、個人の年収も下がる。この点も、社員は理解しているので、チームとしても個人としても頑張る原動力になっている。業績賞与の仕組みは歴史が長い。会社の成長と個人の成長、会社の業績と個人の年収の関係を歪みなく同期させるために、創業3年目に初めて利益が出たときから営業利益の一部を社員に還元してきた。

付加価値を高めるために、会社全体で努力する経営の方向性とプロセスが明確に示されている。そのため、それを達成しようとする各社員の努力が、全社的な業績達成に直接結びついている。加えて、それが個人の能力開発にも結びつくので、従業員は頑張るための高いモチベーションが維持できる。このように、明確な方針に沿った戦略や組織のもとで、全社員が同じ目標に向かって一丸となって取り組み、同時にその仕組みとプロセスのなかだからこそ、優秀な社員が急速に育っていく理想的な好循環が構築されている。

②他部門や責任者を経験する仕組み

組織として一致団結して目標を達成するためには、他部門や他機能の役割を十分に理解しなくてはならない。それを推進する仕組みの一つが、ＣＤＰ制度（Career Development Program）である。主に事業部内で、他部門の業務を短期間経験し、視点を広め、全体最適から考える能力を高めることができる。

典型的な例としては、商品開発担当者であれば、営業関係の業務を半年間程度、経験する。

それによって、営業プロセスや顧客が商品を使用する状況などに関して深く学ぶことができる。

自動認識事業部で、バーコードリーダの商品開発責任者は、ＣＤＰでマーケティングとソリューション営業を主導する販売促進グループの業務を経験し、以下のように述べる（巻末・参考文献／Ｗｅｂサイトを参照：キーエンスＨＰ１）。

「国内営業所のすべてを訪問し、お客様への技術的なコンサルティングも経験しました。ユーザー視点で商品と接するなかで『いかに速く正しく読み取るか』だけでなく、機器の使い勝手、機器のセットアップや制御方法など、コアとなる読み取り性能を使いこなすことに様々な〝困りごと〟があることを発見したのです」

このように、実際に使っている現場を、ある程度の時間をかけて、多数観察することによって、真の顧客価値を深いレベルで理解することができる。現在の商品開発にとって、商品の機能や仕様のような、顧客ニーズとして文章や数字で表すことができる、単純な価値創出だけでは十分ではない。

専門外の多彩な業務を体験することで、広い視野の養成と新たな能力開発が促されるという。近年、海外現地法人に赴任する「海外ＣＤＰ」の実施も増えている。

もう一つの制度として、責任者の役割を経験するＭＤＰ制度（Management Development Program）がある。

ある営業担当者は、入社して営業担当者を6年経験した後で、ＭＤＰ制度を活用して、営業所で特定商品の販売に責任を持つグループの責任者（後述するが「機種責任者」と呼ばれる）になった。グループの営業担当者全員の成果に携わる責任を実感して、営業方針や販売方法など、多様な視点から深く考えることができるようになったという。

ＣＤＰやＭＤＰによって、多様な職務に関する横串を刺した知識が増え、さらには縦方向での責任者と担当者の両方の視点を得ることができる。これは、組織の縦割りや横割りを最小限にとどめ、全社一丸となって顧客価値の最大化を目指すキーエンスの方針と整合性が高い。

このような制度は存在していても、他社ではあまり活用されない事例も少なくない。しかし、キーエンスでは、会社全体の方針と、これらの制度が相乗効果を生み大きな効果が実現できるので、積極的に活用されているようだ。特に、商品開発をリードするような人材は、キーエンスの戦略からも、顧客企業の現場と営業・マーケティングを熟知することが必須である。

8　結果とプロセスの両方を重視——因果関係の理解と学習

①もう一つの企業文化

組織的な階層よりも論理が優先され、個人の成果主義ではなく、チーム優先だという企業文化を説明してきた。これらにも密接に関連する、もう一つの重要な企業文化が、結果だけではなく、プロセス、および、それと結果との間にある因果関係を重視する点である。

すべての業務において、付加価値を最大化する結果とともに、その結果を実現したプロセスと論理（因果関係）の正しさを検証する。例えば、組織や個人の業務成果を評価する視点としても、結果だけでなくプロセスが重視される。

ここでは、わかりやすいので営業を例として説明しよう。営業担当者は、売り上げの成果だけではなく、それを実現したプロセスがともに評価される。プロセスの内容としては、営業活動の方法や頻度（電話、訪問、デモなど）、顧客企業へのソリューション提案の内容、有効商談数、聞き取った顧客情報、提案するための知識や理解、などである。

そのため、販売成果だけで高い評価を得ることはできない。実施したプロセスと結果としての成果の間に正しい因果関係が見出せなくては、高く評価してはいけない。例えば、販売成果だけを評価すると、顧客企業が偶然新たに大きな工場に投資したための棚ぼたによる受注や、前任者から引き継いだだけの売り上げでも高評価になる。偶然の結果は長期的に安定も継続もしないので、社員にそれを期待してはいけない。

また、顧客企業の生産性や利益の向上が大きくなく、実際には費用対効果が低い商品を販売した場合も高く評価してはいけない。そのような販売は長続きしないし、顧客企業にとって十分な経済的価値が生まれない商品は、キーエンスのソリューション提案企業としての信頼を低下させる。

元来、経営哲学からしても、商品を販売することよりも、正しいソリューション提案を通した、顧客企業の利益向上を優先する。その点でも、大きな利益向上と費用対効果がうまく提案できなければ、商品を販売する意味はない。

逆に、ある時期において、販売成績が悪くても、正しいプロセスを続けていれば、その部分については正当に評価される。

長期的に安定した成果を上げるためには、正しい営業プロセスを継続・発展させることが求められる。適切な企業を選び、営業活動を効果的に行い、そこで、生産性・品質向上に結びつく提案がうまくできていれば、成功する確率は必然的に高いレベルで安定する。様々な要因から、営業プロセスが正しくても、結果に結びつかない場合もあるが、成功確率の高いプロセスを改善し続ける努力こそが重要である。短期的に結果だけを追い求める経営は弊害が大きい。

②因果関係重視の効用

因果関係を重視すれば、業務改善にも有効である。ある営業担当者の販売実績が良くない場合には、正しい因果関係に当てはめて分析すれば、何が欠けているのかが明確になる。例えば、営業成績が低い理由が電話や顧客訪問の頻度なのか、提案内容なのか、デモ機の使用など説明方法なのか、などがはっきりすれば、営業プロセスをそれに合わせて改善することによって販売実績は上がる。

加えて、構築すべき業務能力の目標と道筋が明確になるので、学習が促進される。短期的にも長期的にも、学習すべき内容が具体的に明示される。

また、社内での部門間の情報交換や優れたソリューション案の横展開などにも役立つ。全社的に重要なロジックや因果関係を共有しているので、相互学習がやりやすい。

なお、この組織文化は、すべての行動には明確な目的意識が必要だとするキーエンスの行動指針とも整合する。行動する前には、必ずその行動と目的の間の因果関係を熟考する。

因果関係を深く理解するためにも、常に経験した事象について自問自答を繰り返す。例えば、高価な商品が売れた場合には、「なぜ、顧客企業はこの商品をこの価格で購入してくれたのか」「なぜ、その商品が顧客企業にとって大きな効率向上や人員削減に結びついたのか」など、関連する要因と成果の間にある因果関係が明確になるまで、なぜ（Ｗｈｙ）を繰り返して熟考・検証することが求められる。

Ｗｈｙを繰り返して因果関係を突き詰めるプロセスは、昔から、トヨタの企業文化として、取り上げられてきた。この点も含めて、実はトヨタ自動車とキーエンスの間に、優れた経営の特徴としての共通点が少なくない。因果関係を検証するためにも、現場、現物、現実を重視する三現主義を貫き、常に社員全員が「改善」を考え続ける点も共通だ。

このように、結果だけではなく、プロセスと結果の間にある因果関係を十分に理解した経営によって、高度なレベルで学習する組織（Learning Organization）となっている。結果的に、年々、ソリューション提案企業として、より強力な組織能力（Organizational Capabilities）を構築してきた。ある時点での競争力が高いうえに学習速度にも勝る企業は、競合企業に追いつかれる可能性が低い。

第2章

イノベーションの源泉

顧客企業の利益増加

前章でキーエンスの高収益経営の論理の概要を説明した。大きな顧客価値創出を通じた付加価値の最大化を目的とし、それが、際立った業績と社会貢献の源泉である点を強調した。

本章では、その高付加価値経営の論理をより具体的に説明する。その論理は比較的シンプルで明確なので、まずここで十分に理解してほしい。

ただし、それを他の企業が実践するのは、極めて困難である。そのため、第4章以降は、キーエンスが高付加価値経営を実現するために採用している、事業ポートフォリオ、組織構造・プロセス、営業・開発の仕組みなどを具体的に分析する。そのような経営プロセスを理解するためにも、その背景として、以下で説明する高付加価値経営の論理が重要である。

なお、海外での販売比率が約60％だが、経営方針や営業のやり方も、国内外で基本的には同じである。本書は理解しやすいように、国内を念頭に書かれている箇所が多いが、直接販売によるコンサルティング営業の取り組み方法や提供される高付加価値商品も基本的には、海外市場でも共通である。この点では、グローバル経営の視点からも、経営方針の一貫性を維持した優れたマネジメントを実践している。

1　高付加価値の源泉——喜んで大きな対価を支払う商品

イノベーションによる社会貢献の度合いを測定する指標の一つとしては、営業利益よりも売上総利益（≒付加価値額）が適切だという点を説明してきた。

総利益を高めるためには、顧客企業に大きな対価を支払ってもらう必要がある。図表2－1の等式で表しているように、総利益（粗利）から販管費を差し引いたのが営業利益だ。つまり、営業利益であれば、経費や人件費からなる販管費を削減すれば高めることができる。一方で、総利益は販管費を差し引く前の数字なので、人件費などを低減しても改善されない。そのため、総利益を向上させるためには、原材料を使って創出する商品の売価がカギを握る。

顧客企業は、キーエンスの商品に、過去30年間近くにわたり、売上高総利益率が8割を超えるほどに高い価格でも、喜んで支払ってきた。しかも、利益至上主義の悪い経営とは逆で、同時に顧客にも社会にも大きな貢献をしている点は前章で説明した。

顧客企業は、自社にとっての役立ち度合いに応じて、対価を支払う。顧客が直接的に役立つと考えるのは、導入する商品のおかげで自社利益が増加（生産性・品質向上、コスト削減など）する場合である。売価を高くするためには、顧客企業の経済的価値（≒利益向上：定義は前章

図表 2-1　付加価値額の最大化

付加価値額≒総利益（粗利）
＝営業利益＋販管費（人件費＋研究開発費＋その他経費）

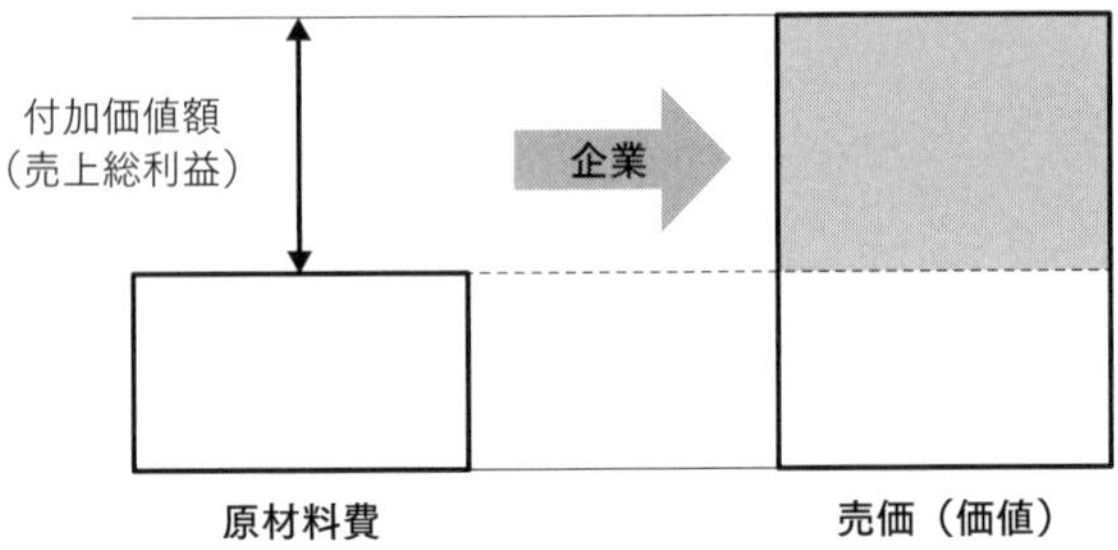

（出所）筆者作成

で説明）を、大きくすればよい。そうすれば、高価でも、費用対効果が高いと判断して購入する。

　この点では、生産財（B2B）に高い価格を支払う論理は、顧客の価値観や好みで価値が決まる消費財（B2C）よりも理解しやすい。

　消費財であれば、例えば、個々人のブランドに対する効用は価値観によって千差万別だ。あるユーザーがルイ・ヴィトンの財布に20万円払うロジックを合理的に説明することは難しい。生産財では、独占的な取引や入札などを除けば、顧客企業は費用対効果（投資収益率）に応じて対価を支払うはずなので、通常は非合理的な取引にはなり得ない。

2　すべての目標は顧客企業の利益向上

キーエンスでは、全社の戦略から、日々の業務まで、すべての活動において顧客企業の経済的価値向上を目標にしている。トップマネジメントはもちろん、商品開発や営業・マーケティングも同じで、全社のベクトルの方向性が一致している。

創業以来、顧客企業の経済的価値向上を目標に活動してきた結果として、競合企業よりも圧倒的に高いレベルで、それが実施できる能力を構築してきた。加えて、競合企業に勝っているだけでなく、多くの場合、顧客企業が自社で考えるよりも、利益・生産性向上に関する優れた提案ができるようになっている。つまり、優れたコンサルティング能力を備えているのだ。

顧客企業が最も嬉しいのは自社の利益増加なので、当然、生産財企業としては、経営目標としてもその優先順位が最も高いはずである。しかし、この点を明示的に目標設定している生産財企業は多くない。商品の優れた機能を強調する企業が多いが、それを特定の顧客企業が使用したときに、どれだけ大きな利益向上に結びつくのかを具体的に説明できる企業は少ない。

根本的に、消費財でも生産財でも、商品開発や営業・マーケティングにおいて、顧客が最も喜ぶ価値を提供することが最重要なので、それを明確に目標に掲げなくてはならないのは当然である。

それにもかかわらず、多くの生産財企業で顧客企業の利益増加を明示的な目標にできていないのはなぜだろうか。理由は単純で、それが大変困難だからだ。例えば、まずは多くの顧客企業で、何を実施したら、どれだけの利益向上・コスト削減に結びつくのかを知っていなくては、商品開発や営業の具体的な目標には使えない。

キーエンスは、過去何十年間にわたり、そのような顧客企業の製造現場や開発プロセスに関する知識・情報を蓄積してきた。その結果として、顧客企業の利益の最大化を目標として設定し、実際に実現できている点が、高付加価値経営としての最大の強みになっている。

顧客企業が購入する設備機器や部品、システムなどの機能や仕様が優れていることと、顧客企業の利益が高まることは、多少関連はあるが、直接的には対応しない。そのため、顧客の利益増加を明示的に目標にしている商品が、単に機能が高い商品や、漠然と顧客ニーズに合わせた商品よりも、顧客企業にとっての真の価値（コスト削減・利益増加）が高くなるのは当然だ。そのため、キーエンスがほとんどの生産財企業よりも優位性を誇示できるのは、目標設定の時点で決まっていると言える。

付加価値の最大化を目指すキーエンスの経営は、このように同時に顧客企業の付加価値創出も増加させる。これら両方の付加価値が、前章で説明したように、潤沢な賃金や税金を通して社会の繁栄に貢献する。それが、大きな付加価値創出としてのイノベーションが果たす社会的役割である。

顧客企業の利益の最大化を目指す方針は、創業以来の経営哲学である「会社を永続させる」にとっても重要だ。企業の存続が危機を迎えるのは、特に自社や顧客企業に関連する業界全体が不景気に見舞われる場合だ。業界のマクロ動向と同調した経営であれば、特に被害が大きい。例えば、不景気によって、顧客になるはずの企業が購買予算を低減する影響を直接受ける。

しかし、顧客企業の利益向上によって商品を開発・販売しているキーエンスは、不景気なときこそ、顧客企業から頼られる側面もある。顧客企業の数社から「困ったときこそ、キーエンスに相談すると、コスト削減の提案をいろいろと考えてくれるので助かります」という声を聞いた。

販売対象として、大企業だけではなく、中小企業も含めてすべての企業を対象にする経営方針とも一貫性が高い。利益向上の提案を喜ぶのは企業の大小に関係ないし、一般的には中小企業の方が切実に求めている。また、不況時に特定の大企業へ依存していると、購買予算削減の影響が大きい。加えて、多くの中小企業が、不景気なときにこそ、生産性向上に結びつく費用対効果の高い対策を切望する。

そのため、第1章の業績推移のグラフで説明したように、リーマン・ショックのときでさえも、売上高営業利益率40％を維持することができた。実際に他の高利益を誇る生産財企業と比較しても、長期間にわたって際立って安定した業績を持続してきた。

3 直接販売によるソリューション提案——商品力＋コンサルティング能力

顧客企業の利益向上を提案するためには、営業はもちろん、商品開発も、顧客の現場を知り尽くし、個々の顧客企業に合わせた価値（ソリューション）の提供が必要である。そのためには、多くの顧客企業を日常的に訪問・観察し、様々な情報収集や意見交換をする必要がある。そのために、当然のごとく、創業以来、ほぼ全面的に自社営業部隊による直接販売（直販）を採用している。海外についても、現在では、すべて直販を徹底している。

直販の目的は2点ある。

第一に、直接的な目的は高度なソリューション営業（コンサルティング営業）である。顧客企業の現場で業務のやり方を観察・学習しつつ、商品とともに、設置場所、効果を高める活用方法、機器の使い方なども併せて、生産性向上やコスト削減、品質向上による、大きな経済的価値向上を提案する。

第二の目的は、営業活動だけのためでなく、キーエンス全体として活用する多くの顧客企業に関わる知識と情報を得ることである。営業そのものに必要なくても、商品開発や経営方針検討に活用するための情報も集める。営業担当者は、頻繁に顧客企業の現場を訪問するので、その機会を会社経営としても最大限活用する。

後述するが、９つに分けられた事業部組織が効果的に機能しているので、特に、各事業部内では、新商品企画・開発やマネジメント層へも、営業部隊が蓄積した顧客知識が迅速に波及する。事業部としてのイノベーション能力が強化されるのだ。

多くの生産財企業では代理店や商社を使う。営業活動（特にソリューション提案と情報収集）をそこまで重視していないので、営業部隊の固定費や経費を削減することを優先するからだ。

特に、キーエンスが創業された頃は、「軽い経営」「アウトソーシング」などの概念が広まり、製造業であれば、商品開発や製造に力を集中し、生産財企業であれば営業を代理店に任せる方が、良い経営だと思われていた。営業部隊の人数を増やしたり、販売業務や与信管理に手間をかけたりするよりも、製造業としては、技術面に資源を配分した方がよいという考え方だ。

日本企業の悪い面でもあるが、多くの企業は、そのような「アウトソーシング」や近年であれば「オープンイノベーション」「デジタルトランスフォーメーション」などのトレンドに乗るのが良い経営だと勘違いしている。だが、キーエンスは違う。自社の経営ビジョンを明確に持ち、経営のやり方も、トレンドではなく自ら考え抜く。

革新的な技術や設計によって、機能を高めた優れた商品・サービスだけでは、キーエンスが目指す顧客企業の利益向上は実現できない。商品とソリューションを統合した相乗効果によって、高い経済的価値の提案を目指す。そのためには、優れた商品開発能力とコンサルティング能力の両方が必要なので、直販が必須だと結論づけたのだろう。

なお本書では、「ソリューション」と「コンサルティング」の言葉を頻繁に使うが、一般的に、キーエンスも含めて日本の生産財企業は、あまりそれらの言葉を明示的には使わない。一般的には、顧客企業の「困りごとを解決する」といった、より遠慮がちな言葉を使う。

しかし、特にキーエンスは、直接的に、顧客企業の生産性向上を目標として、具体的にそれを実現する方法を提供する。単なる困りごとの解決を超えて、ソリューション提供、または実質的にはコンサルティングを実施しているので、本書ではそのように表現しても問題ないし、逆に適切だと考えている。

顧客企業の現場で、優れた機能を持ったセンサを使っていても、十分な効果が得られていない場合、その原因は商品機能の問題ではなく、センサの選択、設置場所や測定設定方法、調整のやり方、操作方法などが良くない事例が多い。

特定商品の商品機能だけを売っても、キーエンスが目標としている、顧客企業の利益を最大化することには結びつかない。商品機能と設定・使用の方法を併せて提案しない限り、大きな顧客価値を創出することはできない。

さらには、センサやマイクロスコープなどをうまく使えば、生産性向上に結びつくということ自体を理解せず、まだ使用していない顧客企業も多い。例えば、商品開発プロセスの早期段階で、試作品の不良箇所をマイクロスコープで確認すれば、開発期間の短縮や後工程での工数削減ができる場合も多いが、そのような活用法に気づいていない企業が多い。

このように、多様な場面でのソリューション提供によって、顧客企業の経済的価値の向上を提案する。

直販のビジネスモデルを活用して、顧客企業の製造現場や開発プロセスを知り尽くしていなければ、大きな経済的価値向上に結びつく、新商品開発も営業活動もできない。

4　顧客企業の経済的価値の向上

経営方針のなかで最優先するのが、顧客企業の経済的価値の向上だという点は、本書の最初から強調してきた。以下では、それを実施するための、具体的な考え方や方針について、概略を説明する。

①費用対効果――経済的価値と価格

一般的な生産財企業であれば、顧客企業のニーズに合った商品、困りごとを解決する商品などで、多くの顧客が満足する商品が販売できればよいと考える。しかし、同じように困りごとが解決されたとしても、実際に顧客企業が享受する経済的価値は、千差万別であり、それを明確化して、さらには最大化する努力が求められる。顧客企業としても、自社の利益向上が最重要である。キーエンスが優れているのは、そこまでを徹底的に実施する点だ。

まず、顧客企業の業務効率、生産性や品質の向上などに関して、改善幅を具体的に明確にして提示する。

例えば、検査のために複雑な部品の様々な寸法測定を実施する顧客企業に対して、「この画像寸法測定器を使うと、現在、投影機を使って、毎日2人で5時間かかっている測定作業が、1人だけで2時間でできるようになります」と改善幅に焦点を当てて提案する。さらには、それによって、「毎月のコストが100万円から30万円に削減されます」と続ける。

具体的な経済的効果を併せて提案するためには、人数削減や時間短縮に関する情報だけでなく、それによって実現できるコスト削減や利益向上などの経済的価値に関する知識も必要だ。

例えば、人員や工数を減らす提案であれば、顧客企業における作業者の時給を大まかでも把握しておけば、コスト削減の金額がわかり、経済的価値を具体的に提示できる。

または、ある顧客企業では、加工した製品の品質チェックがうまくできるセンサを使うことによって、製造ラインを停止する頻度と時間が低下するとしよう。その場合には、その顧客企業で製造ラインが1時間止まると、どれだけの損害になるのかも、ある程度は知っていなくては、具体的なコスト削減を提示できない。

このように営業担当者は、顧客企業の業務内容を深く理解して、高い経済的価値を示すことによって、高価で購入しても費用対効果が大きいことをわかりやすく説明・提案する。

②商品販売より顧客の利益増加

全社員が顧客企業へ商品を販売することよりも、まずは顧客企業の利益向上を目標として優先する。顧客にとっての費用対効果が大きくない商品を販売できたとしても、それは逆に、キーエンスの商品に対する信頼を失ってしまう。

その点が最大目標なので、顧客企業からの具体的なニーズに直接対応することはない。販売を増やすためだけであれば、顧客ニーズに合致した商品を売ればよい。しかし、大きな利益増加の提案を目指すためには十分ではない。顧客ニーズを超えた検討が必要である。

例えば、特定のセンサが欲しい顧客に対して、すぐにそのセンサを売るのではなく、実現したい最終的な目的と使用する工程全体を詳しく教えてもらう。何が欲しいか（ニーズ）よりも、何をしたいか（目的）を重視するのだ。それによって、目的を達成するためには顧客が欲しい商品以上に、効果的な解決策を提案できる場合が多い。より適切なセンサの選択から、設置場所、検知方法などを統合して、より効率的に不良品が検知できる提案などである。

加えて、自分が担当する商品の販売だけを考えるのではなく、キーエンスの別事業部が担当する商品や他社商品までも併せて、より大きな利益向上をもたらすソリューションの提案をする場合も少なくない。例えば、センサに高精度測定器をうまく併せて使うと、さらに品質向上とコスト削減ができるといった提案だ。

他社の商品を合わせて使う提案を行う場合もある。他社の検査装置を組み合わせて、より効率的に品質検査の効果が上がるといった提案だ。

このように、担当する商品を販売する以上に、常に顧客企業の生産性向上と利益増加の実現方法を模索する。ソリューション提案を継続的に検討・探索することによって、担当者自身の学習や能力構築にもつながる。

この点が、高収益を長年にわたり継続できている理由の一つだ。筆者の調査でも、顧客企業から「キーエンスに相談すれば、いつも真剣に現場の改善を提案してくれるので助かっています。次に困ったことがあれば、また相談するでしょうね」という言葉を聞く機会が年々増えている。信頼関係が強化されているのだ。売り上げだけを重視して販売できたとしても、長期的な取引関係は続かない。

キーエンスでは、営業担当者も商品開発担当者も、そのような提案ができるコンサルティング能力を構築することが求められる。営業も商品開発も、商品を販売・開発する場合は、その前提として、顧客企業の経済的価値がわかっていなくてはならない。単に、ニーズに合致して購入してくれるからという理由だけでは、商品を開発もしないし販売もしない。企業全体の戦略が一貫していて、全員が同じ目標設定、判断基準で行動しているのが強みである。

③全商品当日出荷・代替機貸与

創業以来、「全品当日出荷」の方針を徹底している。大阪の物流倉庫、ロジスティクスセンターを中心に、カタログに掲載している商品をすべて在庫して、注文を受けたその日に出荷する。これも顧客の利益を真剣に検討した結果だ。キーエンスの商品を導入・使用すると、生産性向上やコスト削減などに直結する。そのため、1日でも早く活用を始めると、顧客企業は導入した日から高い利益を享受できるのだ。

入荷を待つ日々は顧客にとって経済的な機会損失になるので、避けなければならない。実際、生産工程を改善するなどした後で、量産をすぐにでも開始したい企業も多い。当日出荷することが、顧客の喫緊の要望を満たす場合も多く、経済的価値の観点からも、合理的なのだ。

同様に、キーエンスの商品に不具合が起こり、顧客企業が使用できない状況になれば、可能な限り代替機を即納する。顧客企業の業務が停止すれば、当然、損失となり、利益の低減に結びつく。そこで、顧客企業の工場などにおける操業停止期間を最小限にしなくてはならない。稼働率を最大化することが、顧客企業の利益向上に結びつく。そのための最善の方法は、代替機を即納することである。

現地で修理をしても、すぐに機能が回復するかどうかは不確実性が高い。持ち帰って修理をしている期間、顧客企業が使用できないのは、大きな損失につながる。例えば、自動製造ラインに装着されるセンサであれば、その期間、製造を停止することになりかねない。代替機が当日に出荷されれば、すぐに操業が再開できるのである。

このように、顧客企業の利益を重視すれば、当日出荷や代替機即納の考え方は当然だろう。しかし、同様な対応ができている生産財企業は多くない。これも一例だが、キーエンスが構築している優れた仕組みは、顧客価値を考えれば当然必要であっても、それを実現するのは簡単ではない場合が多い。

キーエンスでは、なぜうまくできるのだろうか。顧客企業の利益向上の目標と取り組み方が、全社的に共有され、すべての業務において経営方針が一貫している点が大きな要因だ。他企業では、製造部門、流通部門、サービス部門などは、それぞれの専門分野の業務を効率的に遂行すればよいと思っている場合が多い。顧客利益の最大化という目標を強力に共有していなければ、製造やサービスなどすべてのベクトルを合わせることはできない。例えば、それらの部門が、無理に当日出荷や代替機の迅速な提供をするために商品在庫を増やすと、個々の部門からすれば、コストや経費が増大することになる。

生産財企業として当然目指すべき顧客の利益向上を実現するためには、キーエンスのように全社的に一貫した対応が必要だ。キーエンスのロジスティクス担当者は次のように述べている。

「ときには飛行機の遅延や自然災害の発生などイレギュラーな事態が起こることもありますが、そういった場合にも、様々な方法を駆使して商品をお届けします。お客様のために当日出荷を守り抜く。キーエンスでは、この姿勢を徹底的に貫いています。関連部署が一致団結し、お客様に商品を最速でお届けする、という同じベクトルに向かって熱意を持って取り組んでいます」

5 付加価値向上が社会貢献——「時間チャージ」

顧客企業の利益向上（付加価値向上）が会社全体の目標として徹底できているのは、「社会の限られた資源を活用して最大の付加価値を創出することが社会貢献」という経営哲学が従業員全員に浸透している点が寄与している。つまり、経営活動において、自社・顧客企業にかかわらずすべての企業において資源の有効活用を最大化することこそが、社会（および企業）の繁栄に結びつくとの考えが深く根づいている。この基本的な考え方のもとで、当然のこととして、顧客企業へも最大限の付加価値向上を提案する。

一方、キーエンス社内でも資源の有効活用を通じた付加価値向上を徹底している。それを象徴するのが、過去数十年間は続けられている「時間チャージ」の考え方だ。それによって、各従業員が1時間働いた場合に生み出すべき付加価値額が決められている。

具体的には、今年度の計画総利益を全社員の総就業時間で割り、各社員の役割に応じてそれが割り振られる。例えば、A社員の時間チャージは1時間1万円で、B事業部責任者は1時間3万円とかが決められる。A氏、B氏が時間を使う場合には、費用対効果の観点から、その時間チャージ以上の経済的効果が求められる。

新商品開発プロジェクトのメンバー構成を計画する際にも、時間チャージの数字が使われる。プロジェクトの責任者は、開発コストを考えて慎重にメンバーを選抜しなくてはならない。優秀で時間チャージの高い人材をプロジェクトに入れると、それに応じて、大きな利益を上げなくてはならない。

また、会議の開催に際して作成される計画書には、全参加者の費用を概算するために、参加する社員の交通費などの経費とともに、参加者の時間チャージを合計して記載する。それによって、会議の内容が費用以上の価値があるか評価できる。

会議や業務報告のために作成する書類・資料には、作成するのにかかった時間を書く欄がある。議事録や報告書であれば単なる書類作成の所要時間だが、企画書であれば企画に要した時間も含まれる。そうやって、書類を見る全員が客観的に、費用対効果を評価するのである。

営業についても直販制度を採用しているのは、営業部隊を抱える費用に対して、大きな付加価値を創出するので、費用対効果が高いからである。付加価値の源泉は、ソリューション提案を通じた顧客企業の利益向上だ。

逆に創業以来、キーエンスの営業担当者は、配達・運送や集金のために顧客企業を訪問することは決してない。それらの時間は、大きな付加価値を生まないので、費用対効果が低いからだ。創業時には、宅配便のような安価な宅配方法はなかったが、高価でも費用対効果を比較・考慮した結果として、外部へ委託していた。

前述の全商品当日出荷に関しても、宅配業者へ委託する方が実施しやすい。宅配料金が高くても、当日出荷によって顧客企業が早期に享受できる価値を考えると、費用対効果が高い。

このように社内でも資源の効果的な活用を徹底的に考えるし、顧客企業へ商品を販売する場合も、顧客の費用対効果が最大化される提案をする。経営哲学の一貫した考え方によって、社員への浸透が徹底され、日々の行動指針としても、効果的に機能する。

6 顧客企業の製造現場や開発プロセスを知る

——顧客ニーズや困りごとを超えて

キーエンスは、商品力とその活用方法に関する高度な知識によって、顧客企業の担当者では考えつかない高いレベルのソリューション提案を目指す。

一般的に顧客ニーズには、顕在ニーズと潜在ニーズの区別がある。それら2つのどちらに対応しているかと言えば、キーエンスは、潜在ニーズへ対応していると言ってもよいが、それ以上の場合も少なくない。

つまり、顧客ニーズを超えたソリューションを提供するコンサルタントが担う役割だ。優れたコンサルタントが、顧客の工場で、オペレーションをすべて精査したうえで、根本的な工程変革を実施して、大きな生産性向上をもたらした場合に、顧客ニーズへ対応したとか潜在ニーズを見つけ出したとは言わない。コンサルティングによるソリューション提供だ。

潜在ニーズとソリューションの違いを明確に定義するのは困難だが、例えば、顧客が抱えた問題に対して、顧客が気づいていない解決が潜在ニーズへの対応で、認識さえもできていない問題の指摘と解決がソリューション提案と言うこともできる。この意味では、キーエンスが究極的に目指すのは、新商品開発とコンサルティング営業によって、顧客ニーズまたは顧客の具体的な問題意識を超えたソリューション提案を実現することだ。

ソリューション能力を構築するには、まずは、多くの顧客企業の現場を知り尽くすことが必須だ。顧客企業が実現したい目的にはじまり、現状としての、業務のやり方、人数や時間・コストのかけ方、そこで抱えている問題などである。現場における目的と、工程や業務プロセス全体の把握が必要であり、顧客のニーズや困りごとに限定して聞き出すだけでは不十分だ。

特に、製造工程でも商品開発プロセスでも、キーエンスの商品を使用する工程に限定するのではなく、その前後工程も含めて学習することが必須である。自社商品に関連する分野で優れた専門家になるためには、広く学ばなければならないし、ソリューション提案の切り口が増える。加えて、顧客企業の特定分野の担当者よりも広い視点が持てるので、顧客ニーズを超えた生産性向上を提案できる可能性が高まる。

一流のコンサルタントが、経営革新を提案する際に、顧客企業の現状をすべて観察・調査して業務全体を把握しようとするのと同じである。現場の担当者からの部分的な説明だけでは十分ではない。それによって、顧客企業が気づいている問題以上に重要な、本質的な問題を見つけ出して、指摘・解決するのである。基本的には、キーエンスが困りごとだけを聞き出すことはしないのも、同じ理由である。

ある社員はこのように説明する。

「キーエンスでは、お客様（顧客企業）の業務の目的から製造工程や業務プロセスをすべて知ろうと努力するのが当然だと考えられています。お客様は先生なので、何一つ聞き逃すことのないようにします」

この考え方が全社的な常識となっている。顧客企業の期待を超えた利益向上を提案する能力構築のためには、必要条件である。製造プロセスでも研究開発プロセスでも、プロセスのすべてを学びつつ、重要な困りごとや改善できる領域を見つけ出す。製造プロセスであれば、生産技術、人の配置、作業方法などを熟知するまで観察し、さらには「なぜこういうやり方をしているのですか」など、なるべく多くを聞き出す。

顧客企業の製造プロセスや商品技術の細かい部分について、秘密であったりして丁寧に教えてもらえない内容については、会社に帰った後、多くの資料や情報を探索してできる限り丹念に調査・研究する。少なくとも顧客企業の担当者と対等に意見交換ができるレベルまで、現場の技術やプロセスを理解しなくてはならない。

ここでは営業の視点を中心に説明しているが、顧客企業の利益向上に依拠した価値創造は、営業・マーケティングだけでなく、新商品開発や製造も同様に目指している。そのため、業務プロセスの目的も含めてすべてを学ぶという顧客情報の収集方針は、全社員が同じ考え方をしている。また、顧客企業との接触機会の多さも含めて営業担当者が顧客企業の学習に果たす役割は大きいが、そこで収集された知識は事業部全体で活用される。

顧客企業の使用現場に関する知識が、営業としてはソリューション営業に、新商品開発でも商品企画やコンセプト開発の中核的なバックボーンとして活用される。

営業だけでなく、他部門も可能な限り現場を訪問して、顧客ニーズだけでなく顧客企業の業務プロセス全体を学習する。例えば、商品開発の担当者も、保守や新商品紹介など、機会を見つけて、現場での使われ方の詳細まで学ぶ努力を怠らない。

このような個別部門が別個に顧客を学ぶ活動も重要だが、何よりも、情報が共有され相互学習する組織文化が重要である。

例えば、少なくとも事業部内では、営業部隊が日々集めてくる顧客企業の情報のなかで重要な部分に関しては、商品開発も含めて、事業部全体（国内外）で共有される。後述するニーズカードや販売促進グループなど、情報共有の仕組みが充実している。

さらには、組織プロセスとしても、常に情報が迅速に共有されるためのコミュニケーションが頻繁に行われている。特に新商品開発へ顧客情報が共有される仕組みが重要なので、第6章で詳しく説明する。

多くの生産財企業は顧客企業の顕在ニーズ（具体的なニーズや困りごと）さえも十分に把握していない。そのため、顧客ニーズを知ることの重要性が再々議論される。一方で、キーエンスは、説明してきたように、顧客ニーズを聞き出すというよりも、一流の経営コンサルタントのように、顧客企業の最終的な目的に立ち戻り、製造現場や業務プロセスの全体を熟知して、顧客が考案できる以上の提案を目指す。

7 多くの顧客企業を深く知る重要性

ここでキーエンスが特に突出している点は、数社だけでなく、多くの顧客企業の現場における業務や製造のやり方を徹底的に学ぶ点だ。広範囲の顧客企業それぞれに深く入り込み、工程や業務プロセスに関して情報を集め理解することは、極めて難しく長期間の取り組みが必要である。キーエンスは創業以来、数十年間にわたり、直接販売のビジネスモデルを手段の一つとして、顧客企業に関する「広範囲で深い」知識獲得の活動を継続してきた。近年は海外でも同様の取り組みをしている。顧客企業は全世界で30万社を超える。他の企業がこの経営を模倣しようとしても、短期的には不可能な領域だ。

一般的に、大手の生産財企業であれば、長年取引が続いている特定の顧客企業については、業務のやり方をよく理解しているだろう。例えば、日本電気（ＮＥＣ）であればＮＴＴドコモ、日立であればＪＲ東日本など、取引が長く販売額も大きい顧客の業務プロセスは比較的よく知っている。しかし、多くの顧客企業（および、顧客企業になる可能性のある企業）を深く知ることができている企業は、極めて少ない。

キーエンスにとって、多くの顧客企業を深く知る目的は２点ある。①カスタマイズしたかのような高い顧客価値を大量の顧客企業に提供すること（マス・カスタマイゼーション）と、②学習によるコンサルティング能力構築である。

①マス・カスタマイゼーション――顧客による価値の違い

一般的に新商品開発において大きな付加価値を創出するためには、顧客企業にとって大きな経済的価値を持った商品を、なるべく多くの顧客企業に購入してもらわなくてはならない。

ある商品が特定顧客企業の経済的価値を大幅に向上する優れた商品であったとしても、それがカスタマイズされた商品で、その限られた顧客企業だけに販売したのでは、利益額は限定される。逆に、多くの顧客企業のニーズに合った汎用的で凡庸な商品で、個々の顧客が大きな対価を支払わなければ、大量に売れたとしても同様に利益額は限定される。

それら２つの良いところを組み合わせて、広範な顧客企業に大きな価値を享受してもらう商品を探求しなくてはならない。そのためには、ここまで説明してきたように、商品のもたらす経済的価値は各顧客企業によってまったく異なるので、数社だけでの顧客知識では不十分だ。

表面的なニーズを反映した商品でよいのであれば、公表されている情報（顧客が製造する商品種類や加工方法、製造量など）だけでも、多くの顧客企業に向けた商品開発が可能であろう。しかし、キーエンスが提供する価値は、個々の顧客企業の現場で実際に実現される経済的価値によって決まる。そのため、商品開発内容を決めるためにも、多くの顧客企業における製造工程や業務プロセスの詳細を知る必要がある。

個々の顧客企業で経済的価値が異なる点を再確認しよう。例えば、キーエンスの代表的商品である、自動化工場向けのセンサ。不良品を正しく検知する比率が85％から95％に10％高まる新開発のセンサを導入するとした場合、同じ機能向上でも、顧客企業によって価値はまったく異なる。そのセンサによって、特定工場の製造ラインでどれだけ毎月のコスト削減に結びつくかは、個々の顧客企業の現場に行かなくてはわからない。

まずは、そのセンサの機能向上が同じ10％でも、毎月、恩恵を受ける製品数は顧客企業・工場の製造個数に依存する。毎日の生産量が、１００個なのか１０００個なのかで、センサの機能向上分の貢献度合いがまったく異なる。

また、その機能が高まったセンサで、不良が1個多く正確に検知できた場合に削減できるコストも千差万別だ。不良を検知できなかった場合に必要とされる問題対処コストが、異なるからだ。

不良品が製造終了後に判明した場合、簡単な調整だけで対策できるのか、または製造ラインを半日間止めてチェックと調整が必要なのかといった違いである。また、同じ半日間製造を止めた場合にも、その損失費用が、顧客の現場によって50万円であったり１００万円であったりと異なる。

この新しいセンサを導入したときに、検知対象となる製品数と正しく検知できたときのコスト削減がわかれば、各企業が恩恵を受ける経済的価値が計算できる。その結果としての経済的価値が大きい顧客企業をなるべく多く特定して、営業だけでなく商品開発もそれらをターゲットにしなくてはならない。

このように、大きな経済的価値をもたらす商品とソリューションを多くの企業に提供するためには、顧客企業によってまったく異なる状況を広範に把握する必要がある。

これによって、専門用語で言えば、Pine（1992）が主張した「マス・カスタマイゼーション」を実現できる。個々の顧客企業内の状況に合わせて大きな価値を創出する「カスタマイゼーション」（カスタム化）と、売り上げの増加やコスト削減にも役立つ「マス」プロダクション（大量生産）を両立しているのだ。これに関する専門的な説明については、次章の理論編も参照してほしい。

②学習によるコンサルティング能力構築

多くの顧客企業の現場を注意深く観察して、様々な説明を受けることができれば、極めて効果的な学習ができる。特に、似たような製造・開発プロセスの企業それぞれから多く学ぶことにより、その分野の専門家になれる。顧客企業の担当者も気づいていない提案ができるのは、様々な現場からの多様で広範な学習の結果だ。

いくら優れた顧客企業であっても、基本的には、自社のやり方やノウハウしか知らない。優秀なコンサルタントでも同様だが、顧客に対して優位な立場に立てる源泉の一つは、多くの似たような事例を経験して熟知していることだ。

同じ部品を製造する現場でも、顧客企業によって製造プロセス、品質や生産性を高める工夫、発生する問題やその解決方法など、多種多様である。キーエンスの営業は、何百社の現場で、その内容を詳細までヒアリングして把握する。

そのなかには、同じような問題に直面する企業も少なくない。様々な事例を見ることによって、問題の本質やそれが起こる原因についても多面的に考察できる。その問題を解決する取り組み方も、企業によって様々だ。そこで顧客企業が取り組んできた生産性を向上させる改善案や問題解決方法なども多くを学ぶ。

このような学習を日々積み重ねた結果として、特定分野の製造プロセスにおける問題解決については、ある顧客企業1社と比較して、キーエンスの担当者の方が、より詳しい知識を得る。加えて、センサなどの自社商品の活用方法については、元来、当然高い専門的知識がある。多様な顧客企業の知識と熟知している自社商品の活用方法を合わせると、顧客企業よりも、現場改善に関わるソリューション能力は高くなる。

このような学習の効果は数年間の経験でも顕著に表れる。あるキーエンスの営業担当者は以下のように述べる。聞き取り調査をした他の多くの営業担当者も大体同じような発言をする。

「様々な現場で学習するので、入社して2〜3年もすれば、自分のテリトリー内の特定の業種や製造プロセスであれば、多くの顧客企業の担当者へ、我が社の商品を活用したプロセス改善やソリューション提案ができるようになります。それで喜んでもらえると、もっと勉強しようと思いますね」

具体的には、例えば「そういう問題は他の顧客企業でもありましたが、こちらのタイプのセンサをこのように使って、品質向上ができました」といった提案も、多くの他社事例を知っているからこそ可能になる。加えて、このような具体的な実績を示した提案は、顧客企業にとっても説得力や真実味が高まる。

前述のように、キーエンスは、特定の大企業だけでなく中小企業も含めて担当地区にある膨大な企業数を販売対象にする。この点から、新人の営業担当者にとって好都合なことが2つある。1つ目は、説明してきたように、様々な業界の製造プロセスを知る学習機会が多いことだ。2つ目は、膨大な顧客企業のなかには、商品に関する専門知識が豊富ではない企業も少なくないので、生産プロセスの課題に応じた商品の効果的な応用方法や使い方を提案すると、喜んでもらえる機会が多い。

大企業だけでなく多くの中小企業へも営業活動するのは、ソリューション提案企業としての能力構築にも貢献するのである。

8　顧客企業から学習するための必要条件——信頼と期待

キーエンスの強みの基盤として不可欠なのが、説明してきたように、多くの顧客企業の現場に入り込んで、開発業務や製造工程で必要とされる人数や時間、困っている点などを熟知することだ。しかし、これを実行するのは容易ではない。直接販売にするだけで、自然に情報が入ってくるわけではない。高度な聞き出す能力とノウハウが必要である。

それが実施できる必要条件は単純だ。キーエンスの営業担当者へ相談すれば、様々な優れた解決策を提案してくれるという期待と信頼を持ってもらうことである。鶏が先か卵が先かの議論になるが、多様な顧客企業から、製造工程や開発プロセスについて教えてもらうことで、優れたソリューション提案をできる能力が構築される。優れた提案ができるようになれば、さらに顧客企業はいろいろと相談してくれたり、問題点を具体的に教えてくれたりする。顧客企業への優れた提案と、そこからより多くを学習する好循環がカギを握る。

営業担当者の提案能力に対して信頼が高まれば、通常では、販売業者に話さない情報でも、相談するようになる。顧客企業において不良品が発生する状況に関わる詳しい情報や、それによって被る損失額の概要などである。顧客企業の利益向上を目指すキーエンスのイノベーションにとって不可欠な情報である。しかも、無理に聞き出すのではなく、顧客企業がより良い提案やアドバイスを得たいので、自ら詳しく具体的に説明してくれる点が重要だ。

キーエンスの新人営業が比較的に早い段階で、顧客企業から信頼を得ることができる理由は、以下の2点である。ここでは概要だけを説明し、後ほど（第4章と第5章）、具体的な取り組み方を詳説する。

第一に、顧客から信頼を得るための出発点としては、自社商品の技術・仕様から使い方まで完璧に学習することだ。それによって顧客企業から、キーエンスの商品に関して何を聞いても、豊富な知識があり、丁寧にきちんと回答してくれるという印象を持たれる。簡単な問題はその場ですぐに解決する。結果的に、様々な相談や質問を受けるようになり、さらにはそれらすべてに完璧に回答すれば、信頼関係の構築が進む。

第二は、事業部内で営業担当者をサポートする組織と仕組みが充実している点である。それを象徴するのが各事業部の「販売促進グループ」だ。詳しくは後述するが、その部門によって、多様な営業サポートツールが準備される。効果的なカタログとデモツール、商品を他社でうまく活用した事例（お役立ち事例集）などが、営業活動を強力にサポートする。加えて、営業担当者が典型的な顧客企業の製造プロセスを効率的に学べる工程ハンドブックも完備している。

さらには、各営業所内で、日々、ソリューション提案のやり方や、顧客企業の情報などに関して、教育やアドバイスを受ける機会が豊富に準備されている。代表的なのが、営業に出る前後に、丁寧に具体的なアドバイスをもらえる「外出報告書」である。その名称とは異なり、高度なコーチングの仕組みだ。

9 全社的な目標の一貫性と学習組織

営業の視点を中心として、キーエンスの経営の核心「顧客企業の利益向上を通した大きな付加価値創造の論理」を説明してきた。ここで重要なのは、この目指すべきイノベーションの考え方を、全社的に社員が共有していることだ。

目指している経営は、単純・直截簡明でかつ、その重要性が明確なので、社員の間で共有されやすい。ただし、高付加価値創出の論理は明白だが、それを実行するのは、極めて困難である点が問題だ。長年にわたり継続的に多大な学習が必要とされるし、目標に向けて一切の妥協は許されない。そこで、困難な目標に向けて、高いモチベーションを維持し続けることが求められる。

キーエンスの高付加価値経営に関する方針は、実行が困難であっても、成功するための論理(因果関係)、つまり成果に結びつけるためにやるべき事は明確でかつ適切である。そのため、組織全体が、目標に向かって一丸となって切磋琢磨すれば、結果はついてくる。実際に、創業以来、業績が継続して高まっているため、組織全体が活性化し、社員全員が高いモチベーションを維持できている。

また、長年にわたり、この目標達成のために必要とされる、組織マネジメントと人材育成の仕組みが構築され、継続的に発展し続けている。従業員は、その仕組みによって、顧客価値創出の目標を達成できる確率が高まり、成功の機会が増している。成功体験を積み重ねることによって、日々、満足感と成長を実感できる。それが、さらなるモチベーションの高揚につながる。

目標の達成度合いは、具体的に数字にも表れる。その達成目安としては、売上高に占める売上高総利益率が8割程度である。それが顧客企業と社会への貢献度合いの目安として共有されている。

また、社員全員で目標を目指して頑張れば、達成度合いに応じてその一定割合が、全員に業績賞与として分配される。それによって、組織全体の絆も強化される。

このように、明確な経営方針、優れた仕組み、成功体験、報酬制度などすべてが、全社的に統合された優れた高付加価値経営を支えている。

そのなかでも、チーム・組織重視で、全員が協力しながら、高い目標に向けて取り組む企業文化が重要である。営業・開発担当者のほとんどが顧客価値創造とイノベーションに長けた優秀な人材だが、個人の業績だけを考える社員はいない。向上意欲が高い優れた人材の間でも、良い考えや情報を自分だけで囲い込んで秘匿するような状況は皆無に近い。

例えば、営業所内では、ソリューション提供に結びつく情報を日々お互いに共有して相互学習が進む。営業所内でも事業部別の組織が中心なので、商品の専門知識や顧客企業の業務内容などに関しても共通部分が多いこともあり、意見交換や議論が活発化する。「あのお客さんの製造ラインに、このような提案をしたら、品質が上がって、とても喜んでもらった」といった情報交換が常時行われている。それによって、「それだったら僕のお客にも提案してみよう」といったように、みんなが恩恵を受ける。

高度なプロフェッショナル集団だからこそ、新しく有用な発見や考えがあれば、それをぶつけ合いたくなるのだろう。個人で高い目標を達成する意欲が、相互に学習する動機にもうまく結びついている。

第3章

生産財のイノベーション
理論解説編

前章で、キーエンスを事例として、生産財企業が大きなイノベーションを実現できる条件を示唆してきた。ここでは、生産財のイノベーションについて、経営理論の側面から、教科書的に簡単にまとめておこう。ここで、成功する論理として説明している内容は、ほぼすべて、キーエンスが効果的に実施している。

本章は理論解説編なので、キーエンスの事例のみに興味がある読者は、本章を飛ばしても大きな問題はない。

1 顧客価値の暗黙化——機能的価値と意味的価値

消費財か生産財かにかかわらず、近年のイノベーション環境に関わる最大の変化は、創出すべき顧客価値の内容が、モノからコトへ変化して複雑になったことだ。かつては技術的な機能の有無や高さなどカタログ仕様で明示できる形式知的な価値が顧客価値に結びつき、企業の競争優位をもたらしていた。

前述のように、イノベーションとは、新たな顧客価値の創出であり、その指針の一つは、「高くても購入したい」と思える商品である。現在、機能的価値だけでは、そのような価値を生み出すイノベーションにはなりにくい。技術仕様では表すことができない、ユーザーの使用価

図表 3-1　イノベーションにおける意味的価値の重要性

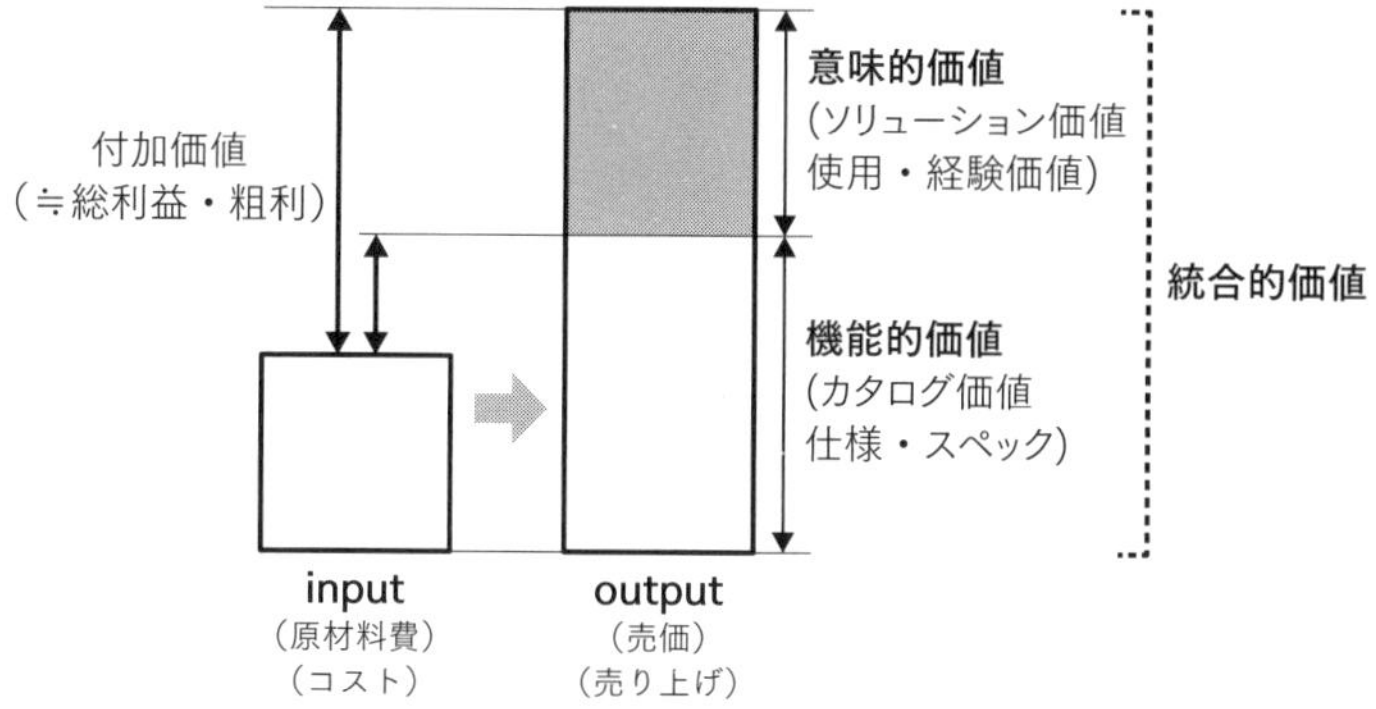

（出所）筆者作成

値・経験価値（ユーザーエクスペリエンス＝UX）の貢献が大きい。

消費財であれば、ユーザビリティやデザイン、ブランドなど、生産財であればソリューションやコンサルティングによって創出される、単純な商品仕様を超えた個々の顧客にとっての特別な意味（価値）である。そのような価値は、客観的に表示できる「機能的価値」と対比して、顧客が主観的に意味づける「意味的価値」と定義されている（延岡、2011）。このようなスペックや数字で表せない暗黙化した顧客価値が重要になった。

本書は、イノベーションの評価軸として、キーエンスが主張する「付加価値（≒売上総利益または粗利益）」に焦点を当てている。その最大化には、図表3―1にあるように機能的価値だけではなく、それと意味的価値を併せた統合的価値がカギを握る。

消費財では、例えば情報調査会社のＩＤＣによると、ｉＰｈｏｎｅはＡｎｄｒｏｉｄ機種が導入された後も、10年間近くにわたり競合機種の平均3倍の価格でもユーザーが喜んで購入した。カタログ仕様を端から端まで比較しても、そのような優位性は見出せない。機能・スペックに大きな差異はないなかで、様々な理由でユーザーは感性的、情緒的に価値を意味づける。

機能的価値ではなく、デザイン、品質感、使いやすさなどの意味的価値の貢献が大きい。実際にはもちろん、そのような意味的価値における差別化要因がブランドに昇華して、現在ではブランドや周りのみんなが持っているからという理由で購入する場合も多い。

従来の日本製掃除機と比較して著しく高額でも人気が出たダイソンや、高価なトースターや扇風機がヒットしたバルミューダの成功においても、同様に意味的価値の貢献が大きかった。

ここで注意が必要なのは、意味的価値が重要で機能的価値が重要ではないという意味ではまったくないということだ。両方を融合させた統合的価値の最大化を考えなくてはならない。

そのため、もし革新的な技術によって機能的価値だけで高くても購入してくれる価値が創出できれば、それはそれで良いことだ。その場合には、無理に意味的価値を追加する必要はない。

しかし、近年、機能的価値だけだと2つの問題が顕著になっている。第一に、カタログ仕様の差異だけで、競合商品よりも2～3割以上も高い価格を払いたくなる価値にはなりにくくなっている。第二に、競争が激しくなっているので、機能的価値での優位性で成功しても、1年も経たないうちに模倣される事例が多くなった。

本書は生産財が中心だが、意味的価値の重要性については、アップルやダイソンのように、消費財が思い起こされる場合が多いだろう。消費財であれば、機能を超えて、デザインやブランドも含めた感性価値や情緒的価値で、商品の値段が大きく変わることは、誰もが理解しやすい。顧客の主観的な好みや価値基準が重要で、客観的な仕様や数字だけでは価値が決まらない場合が多い。

しかし近年、意味的価値が重要になったのは、生産財においても同様である。機能的価値だけでは、顧客価値は限定されるうえに、すぐに価格競争になってしまう。キーエンスの高付加価値経営こそが、生産財における意味的価値（正確には機能的価値も併せた統合的価値）の重要性を象徴している。

2 生産財における意味的価値——ソリューション価値

①ソリューション価値と費用対効果

生産財の意味的価値は、一言で言えば顧客企業の経営改善に結びつく「ソリューション価値」である。購入した製品の仕様を超えて、顧客企業が個々に意味づける価値は、具体的には、それを使って実現できるコスト低減など、顧客企業にとっての経済的価値である。

なお、経済的価値をもたらすのは、正確には、意味的価値と機能的価値を併せた統合的価値である。そのため、実際には、図表3－1でも示唆しているが、機能的価値と意味的価値の比較よりも、機能的価値と統合的価値（機能的価値＋意味的価値）の比較が重要だ。

機能的価値がまったく同じ製品（部品や業務システムなど）でも、それを使用する顧客企業によって実際の経済的価値は、まったく異なる。同じ機能的価値でも、顧客が享受できる意味的価値（ソリューション価値）が千差万別なのは、消費財以上に明白である。

消費財の意味的価値は、個々のユーザーの趣味や情緒、感性によって主観的に決まる価値として理解しやすいが、生産財の意味的価値はイメージできないという声を聞くことがある。しかし、生産財も、顧客企業の固有の使い方で、享受できる価値がまったく異なるのは当然のことだ。

最も単純な例として、これまでの製造機器と比較して、部品1個の加工コストが100円から50円に半減できる製造機器を導入するとしよう。この新しい機器によって、1日に顧客企業はどれだけの経済的価値を得ることができるか。単純に個々の顧客企業の1日あたりの生産量でまったく異なる。製造個数が1000個であれば5万円、1万個であれば50万円のコスト削減になる。

実際には、顧客企業の使い方の違いは格段に多様であり、経済的価値の違いをもたらす要因も複雑だ。そのため、生産財企業が、多くの顧客企業にとっての意味的価値（正確には統合的価値）の違いを理解して経営に活用するのは、簡単ではない。

生産財の場合、一般的には、商品開発部門が技術的な側面から機能的価値の創出・向上を担当して、営業・サービス部門が顧客企業の現場でソリューション提案（意味的価値）をすると考えられる場合もある。

しかし、キーエンスも含めて優れた生産財企業では、商品開発の担当者も真の顧客価値、つまり、顧客企業の経済的価値向上を目指す。純粋に技術開発を担当する研究所と異なり、顧客価値を設計開発するのが商品開発部門の役割なので、当然なのだが、多くの企業では、それができていない。

顧客企業も気づいていない、高い経済的価値が提案できれば、顧客企業は喜んで高い価格を払う。この点を説明したのが図表３－２である。顧客企業は、提案された利益増加（経済的価値：右端の棒）が大きければ、それに応じて比較的高価な買価でも支払う。

例えば、１００万円の利益増加（例えばコスト削減）が、ある特定の製品とソリューションでなければ達成できないとしたら、顧客企業は50万円の買価を支払ってでも、喜んでそれを導入するだろう。

図表 3-2　生産財企業が提案する顧客価値

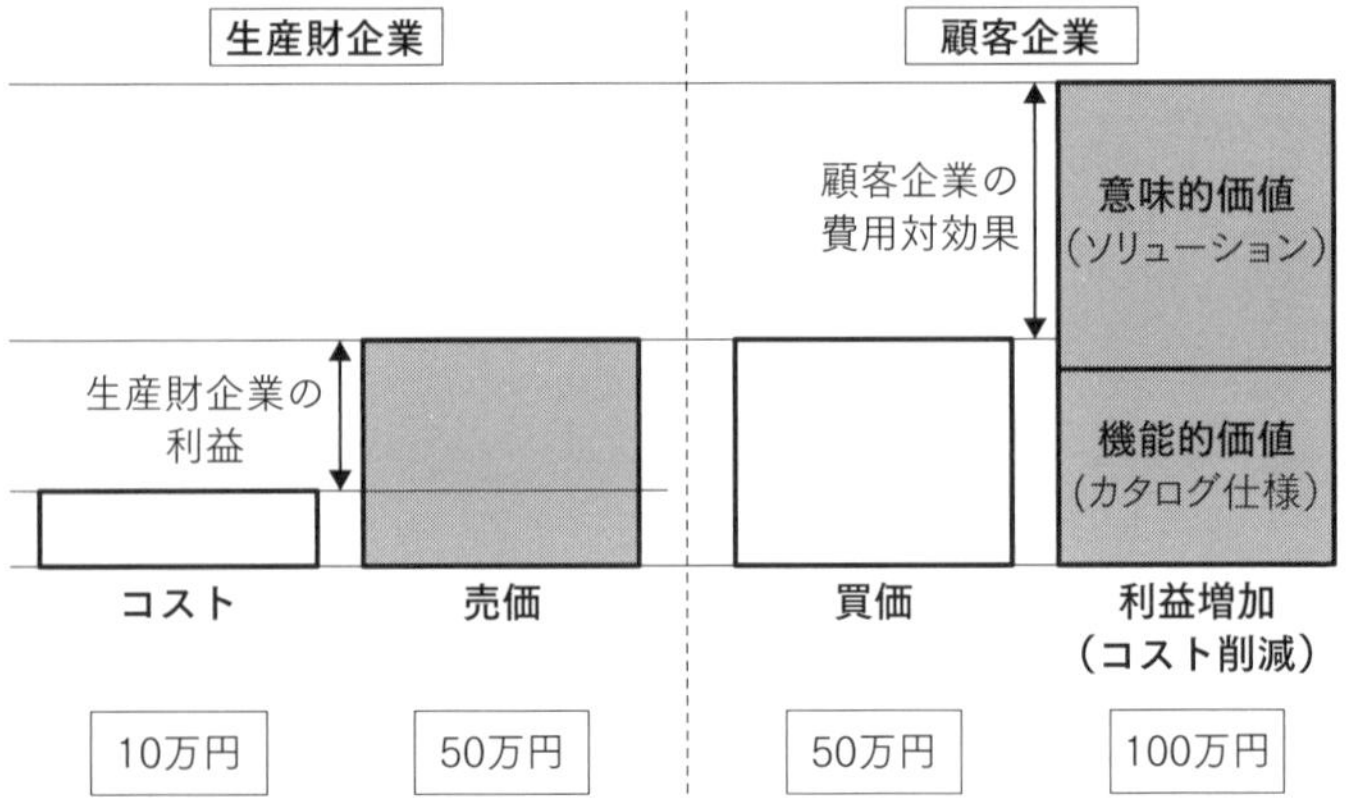

（出所）筆者作成

生産財企業が、大きな顧客企業の利益増加を提案するためには、図表3－2の右端の棒が示しているように、機能的価値（カタログ仕様）だけでなく、個々の顧客で異なる意味的価値（ソリューション価値）の明示化が求められる。顧客企業は、商品の機能的価値だけを説明されても、それが自社のコスト削減にどのように結びつくのかもわからない場合が少なくない。

そのため、大きな利益増加を実現してもらうためには、適切な製品選択から、製品の設置場所や使用方法、さらには人員の配置や使用する目的・タイミングなども含めて、提案する必要がある。「我が社のセンサをここに装着して、このように使えば、不良品がX％減り、月間のコストがY％下がりますよ」といった使い方と経済的効果も含めた提案である。

本書はキーエンスを主題にしているので、顧客企業の生産性向上やコスト低減の事例が多い。一方で、コスト削減だけでなく、顧客企業の商品（主に消費財）がより高価での販売が可能になり、利益増加に結びつく提案も重要だ。その場合、顧客企業のさらにその顧客（最終消費者）までも含めた提案が必要である。

「我々の小型・軽量の部品（電池等）をこのように使うと、これまでにない革新的なコンセプトのアクションカメラになるので、御社のユーザーは2倍の価格でも喜んで購入しますよ」「独自に開発した繊維をこのようなデザインのセーターに使うと3万円以上でも飛ぶように売れますよ」といった提案である。顧客企業がそのユーザーに対して大きな価値創出ができる提案をしなくてはならない。

このように顧客企業の利益増加によって、買価が決まり、生産財企業からすれば、売価がきまる。それによって、生産財企業の利益も決まる。図表３－２の事例では、売価が50万円で、コストが10万円であれば、利益が40万円になる。コストを原材料費に限定して考えると、キーエンスが平均的に創出してきた、売上高総利益率8割になる。

つまり、生産財企業が高い利益を上げるためには、商品開発も営業も顧客企業の利益増加額を目標に設定しなくてはならない。この図表３－２であれば、右端の１００万円である。残念ながら、生産財企業のなかで、顧客の利益増加を具体的に目標設定できている企業は少ない。

②顧客企業の利益増加（経済的価値）の提案が困難な理由

多くの企業で、顧客企業の経済的価値を明示的に目標として設定することもできず、または設定できたとしても目標を達成できない理由としては、次の3つが考えられる。

第一に、顧客企業の情報と知識が欠如している。顧客企業の経済的価値を高める商品開発には、顧客企業の事業内容、製造工程や商品開発プロセスなど様々な業務に関する知識、さらには、具体的に抱える問題点とそれによって被る損失額、コスト・収益構造などの情報が必要である。

特に困難なのが、数社だけでなく多数の企業に関して情報・知識がなければ目標設定には使えない点だ。実際に、自社の現行顧客だけでなく、顧客になる可能性がある多数企業の情報を収集して蓄積する仕組みを持った企業は少ない。

第二に、ソリューション提案ができる営業力の欠如である。これまで日本企業は、製品の機能的価値を重視していたので、顧客企業の現場で、ソリューションを提供できる人材が十分に育っていない。それどころか逆に、営業を代理店に任せている企業が多い。

今、意味的価値の重要性を認識して、代理店から直接販売に変更したり、営業人員を増やしたりして営業部隊を強化・拡大している企業も少なくない。しかし、営業担当者のソリューション能力は一朝一夕に高まるものではないので、すぐに業績には結びつかない。そのため、特に短期的には、営業力強化の投資が逆に業績を悪化させる場合も多い。
営業に必要とされるのは顧客企業の利益向上に結びつくコンサルティング能力なので、高度な能力構築が求められる。そのため、長期的に育てる仕組みが必要である。

強力なソリューション営業部隊は、顧客企業の情報収集にも必要とされる。顧客企業はギブ・アンド・テイクでなければ、生産財企業に重要な経営情報を提供しない。つまり、相談すれば、優れた提案やアドバイスを受けられる場合にのみ、顧客企業は製造・開発プロセスや製造コスト・リードタイム、問題発生の頻度・損失額のような重要な情報を提供する。

第三に、多くの顧客企業の経営改善に結びつく商品開発能力の欠如である。商品企画能力と言ってもよい。商品開発の目標も、機能的価値と意味的価値から構成される統合的価値でなくてはならない。つまり、商品開発の担当者も、顧客企業へソリューションを提案できる能力が必要である。

商品開発の担当者で、顧客になりうる多くの企業の現場を熟知し、顧客企業の利益を高める提案能力を持った人材は多くない。一般的に一流の技術者でも、顧客ニーズに合致した便利な新機能が備わった優れた製品を開発すればよいと思っている。そこで現在、技術と経営（顧客企業の経済的価値向上）の両方に長けた技術者人材を継続的に育てる仕組みが求められている。

また、商品開発に加えて、商品企画に優れた専門人材を戦略的に育成し、活用する必要もある。キーエンスでは、マーケティングと商品開発の両方の素質が高い人材を、「商品企画」として選抜して育てる仕組みがある。

3　生産財企業の顧客企業に対する優位性——ソリューション提案の源泉

顧客企業の生産性向上やコスト削減に関して、顧客企業が自社で検討する以上に優れた提案をするのは、困難に思えるかもしれない。しかし生産財企業には、顧客企業に対する優位点がある。以下では、優位性の源泉を「専門性の優位性」と「顧客範囲の経済性」の2つに分けて説明する。それらを活用できれば、顧客企業に対する提案能力が持てる可能性が高まる。

①専門性の優位性

ある意味、当然だが、生産財企業は自社の商品・技術分野に関しては、顧客企業よりも専門的な知識が多い。例えば、特定部品の専門企業であれば、自社が製造・販売する部品に関して、長年にわたり技術を蓄積し続けている。一方、たとえ大きな顧客企業だとしても、その部品を専門としているわけではなく、多くの調達部品の一つでしかない。つまり、通常は、生産財企業の方が、顧客企業よりも、当該部品の商品・技術の知識については、上の立場に立つことができる。

ただし、それだけでは、顧客企業の利益を増やす提案ができるわけではない。優れた生産財企業になるためには、高い専門性を顧客企業の業務へ応用して、生産性・品質向上など経済的価値を高める提案能力が求められる。

生産財企業で成功している企業の多くは、自社の高い専門知識を顧客企業の業務に応用する能力で、顧客企業よりも上位の立場を構築している。筆者の研究対象であった、半導体の加工装置で驚異的な業績を続けているディスコもその一例だ（22年3月期売上高営業利益率36％）。ＴＳＭＣやインテルから、シリコンウェハを切断する加工については、「切断の条件など複雑なので、その領域で高い専門性を誇るディスコさんにすべて任せますよ」と信頼され依存されている（新津・延岡、２０１２）。このように、日本の比較的小さい企業でも、特定の取引に関しては世界的なリーディング企業の上に立っている。

ディスコは、自社の専門性を顧客企業の業務に応用するソリューション提案能力を長年にわたり構築してきた。例えば、顧客企業が自社製品に使用するシリコンウェハをテストカットして、共同で最適な切断加工を検討する仕組みが充実している。世界中に「アプリケーションラボ」を設置して、顧客企業と擦り合わせたうえで、最適なソリューションを提案する。

ただし、この事例が持つ重要な示唆は、インテルがディスコに任せてよいと思う理由が、その専門性以外にもある点だ。理由の一つは、シリコンウェハを切断するプロセスは、必ずしも半導体技術の最先端に関わるコアプロセスではないからである。微細化に関わる最先端技術であれば、それを外部調達する場合でも、インテルも内部で真剣に技術の検討を行うだろう。

キーエンスもそのメリットを享受する場合もある。例えば、トヨタ自動車も重要な顧客企業の一つだが、エンジン部品技術やカーナビ技術であれば、外部企業から購入する場合でも、トヨタ自動車の内部でもいろいろと検討する。しかし、製造プロセスのセンサであれば、自動車の最終消費者の価値を左右する中心的技術でもなく、金額的にも大きくないので、キーエンスのような外部業者に詳細は任せてもよいと考える。

このようなポジションを獲得するためにも、すべての生産財企業は、どの企業に対してどの分野であれば、大きな貢献ができて、存在価値を高めることができるのか、検討する必要がある。その視点も活用して、顧客企業からソリューション提案も含めて期待されるような信頼関係を構築しなくてはならない。

②顧客範囲の経済性

生産財企業が顧客企業に対して優位な立場に立てる源泉のもう一つは、多くの顧客企業と取引がある点である。これを顧客範囲の経済性と呼ぶ（延岡、１９９７）。

この優位性によって、生産財企業が提供する商品には、顧客企業が自社で開発・製造する製品に対して２つの優位点がある。それらは、①範囲の経済性や規模の経済性といった経済性（低コスト）と、②多くの顧客企業で学習した知識を集約化することによって価値創出能力で優位性が築ける点である。それぞれを以下に説明する。

第一に、低コストが実現できる最大の理由の一つは、量産効果である。顧客企業が自社内で開発・製造すると大きな量産効果が期待できない。生産財企業は、多くの顧客企業に共通部品を販売することで量産効果が発揮され、コストを下げることができる。これが、生産財企業の社会的な存在意義の一つである。

ただし、生産財企業が製造する場合でも、特定の顧客企業の要望に合わせて、カスタマイズした部品を開発製造すれば、量産効果が十分に活用できない点は、注意する必要がある。

第二に、多数の顧客企業と取引を行うことによって、生産財企業は商品や技術に関する知識を学習し高めることができる。様々な顧客企業の要望を聞き、意見交換や共同での問題解決などを実施しながら取引をすることによって、顧客企業から多くを学ぶ。特に、優れた生産財企業は、取引企業から効果的に学習する能力にも長けている。

具体的には、多様な顧客企業の製品・生産技術や生産管理・商品開発のマネジメントを学ぶことができる。またそれらの企業から、様々な問題をうまく解決した事例なども多く知ることができる。さらには、真剣な取引を多く経験するなかで、ソリューション提案能力が向上する。一方で、顧客企業の担当者は基本的には、自社の技術やマネジメントしか詳しくは知らない。結果的に、優れた生産財企業の担当者は、個々の顧客企業の担当者よりも、同様の製造や製品開発のプロセスに関してはより高度な問題解決能力を持つことができる。

ここまで説明してきたように、生産財企業は専門性の優位性と顧客範囲の経済性を活用することによって、顧客企業単独ではできない低コストと高い価値を持った商品・ソリューションを提供できるポテンシャルを持っている。

一般的に、生産財企業と顧客企業の力関係として、パナソニックやトヨタ自動車のような大きな顧客企業に対して、一つの部品に特化した小さい生産財企業という位置づけが少なくない。そのような生産財企業は、大きな顧客企業に対して、優位性を誇示できないことが当然だと考えてしまう傾向がある。しかし、いくら小さくても専門性の高い企業は、うまく経営すれば顧客企業に対して上の立場に立つことができる点を、理解すべきだろう。

これらの優位性をうまく活用すれば、顧客企業に対して上位の視点から提案ができるはずだが、もちろん簡単ではない。キーエンスは、これらの優位性をうまく活用している。

4 市場起点から顧客起点へ――マス・カスタマイゼーション理論

①顧客起点の必要性

新事業や新商品の開発やマーケティングを考える視点として「市場起点」と「顧客起点」の2つがある。それらの言葉にも様々な意味があるが、本書では、市場起点とは市場分析を中心としたマクロな視点からのアプローチ、顧客起点は個別の顧客に入り込むミクロな視点からのアプローチだと定義する。

近年、顧客が意味づけする意味的価値、なかでも特に生産財ではソリューション価値が重要になっているので、市場起点ではなく顧客起点が求められている。

これまでは、経営の視点として、市場起点が主流であった。数十年前に欧米から、経営学やマーケティングが日本に導入されたが、そのなかで個々の顧客を狙うのではなく、市場の規模や成長性、競争環境等の分析を中心とした市場起点が良いとされた。例えば、PPM分析、ファイブフォース分析やSWOT分析など、産業組織論を基盤とした市場分析のツールが普及した。しかし現在、市場起点のアプローチは再検討が必要になっている。

以前は実態として、市場の魅力度を中心に据える市場起点の方が良い場合が多かった。顧客企業が実際に使用したときの価値である意味的価値の重要性が、まだ低かったからだ。しかし近年、そのアプローチでは、真の顧客価値を創出することも独自性を持続することも極めて困難になっている。

市場起点は、競争環境も考慮するが、基本的には、狙おうとする商品分野の市場規模や成長度合いを調査・分析し、なるべく大きく急速に成長しそうな市場セグメントを狙うアプローチである。ターゲットとする市場セグメントが決まれば、次にそのなかで自社が獲得できる市場シェアを検討する。

近年、このアプローチでは、２つの問題が顕著になってきた。

第一に、市場全体の分析が主体になるので、顧客企業の現場で求められる具体的なソリューション価値が創出できにくい。現在は、顧客企業の内部に入り込み、個々の顧客の業務プロセスに適合した問題解決の提案でなくては、大きなイノベーションになりにくい。

第二に、市場起点アプローチだと、急速に成長する大きな市場を狙う傾向が強いので、厳しい競争に巻き込まれやすい。特に、市場予測には、有力シンクタンクの市販データベースを参照する企業も多いので、それらの企業が同時に有望市場に参入する可能性が高い。産業にもよるが、１９９０年代中盤以降は特に、過当競争が起きやすくなり、この問題がイノベーション創出に致命的な影響をもたらしている。

１９８０年代までは、日本企業の国際競争力が高かったので、急速に拡大する市場に複数の企業が同時に参入しても、ほとんどの日本企業が成功する経験をした。ブラウン管テレビやＶＨＳビデオレコーダーなど、大手家電企業の多くが利益を上げることができた。一方、その後の、ＤＶＤプレイヤーや大型液晶テレビ、汎用半導体では、国際的な過当競争が起こり、日本企業は利益を上げることができなかった。

②目指すべきは市場ではなく多くの顧客——マス・カスタマイゼーション

顧客起点では、まずは、特定の顧客企業に入り込み、そこでの実際の業務プロセスのなかで、主に経済的価値に関する提案を検討する。顧客企業にとっての経済的価値が大きければ、高い価格でも販売が可能になり、イノベーション成果が大きくなる。

ただし、特定の一社または数社に合わせて専門設計をして、それらの企業にだけ販売しても、大きなイノベーションには結びつかない。特定の顧客企業において大きな価値が創出できそうであれば、さらに他の顧客・業種へ広く横展開しなくてはならない。

それによって、前章でも触れたマス・カスタマイゼーションが実現できる。その定義を図表３－３に示している。横軸が標準設計か専用設計（カスタマイズ）なのか、縦軸が少量生産か大量生産かである。一般的な関係性の法則としては、標準設計だと個々の顧客にとっての価値

図表3-3　マス・カスタマイゼーションの定義

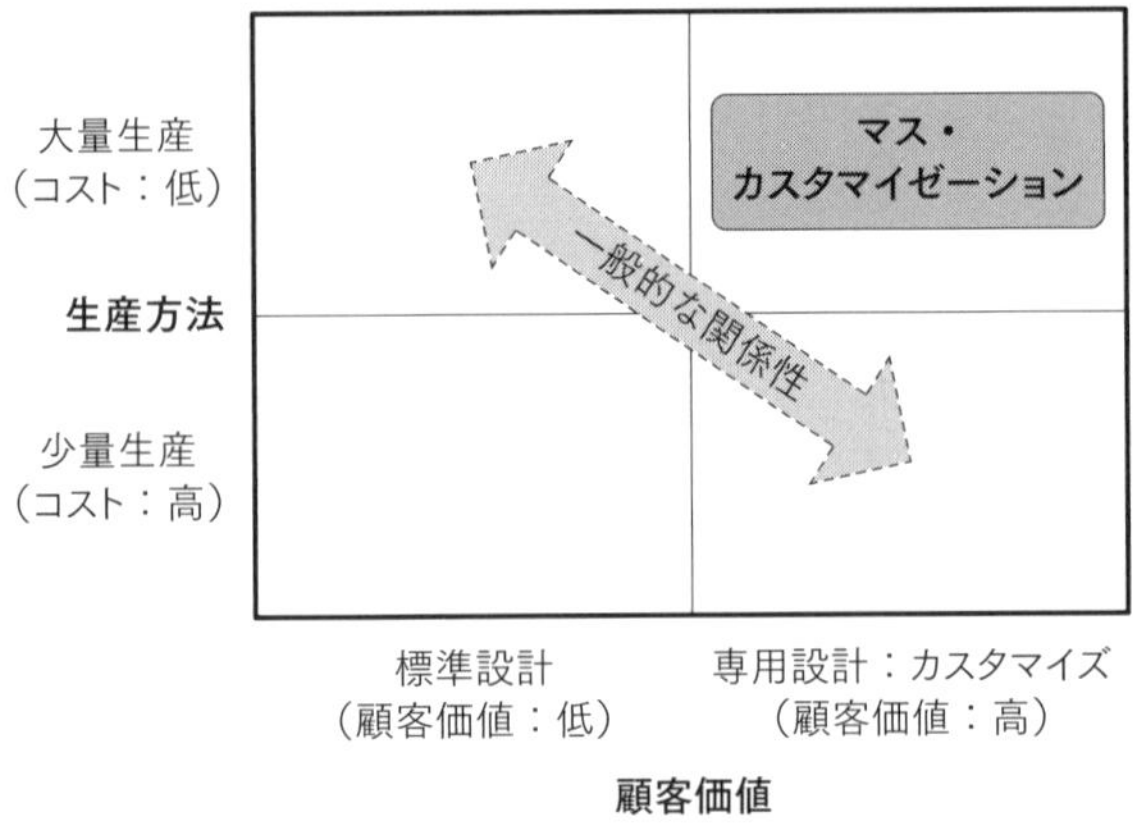

（出所）筆者作成

は比較的に低いが、大量生産によってコスト低減ができる。一方で、専用設計にすれば、顧客価値は高いが、設計がバラバラなので、少量生産で高コストになる。

マス・カスタマイゼーションでは、個別の顧客に向けて専用設計（カスタマイズ）をしたかのような高い顧客価値を実現しつつ、同時に同じ設計で多くの顧客に販売して、大量生産によるコスト低減も実現する。専用設計を大量生産し、それぞれの良い点を組み合わせた戦略である。

次に、これを実現するためのマネジメントを図表3－4で説明する。

この図は横軸が、機能的価値のみか、それに加えて意味的価値（ソリューション価値）も十分に加わっているか、縦軸はそのような価値を

図表 3-4　マス・カスタマイゼーション実現のマネジメント

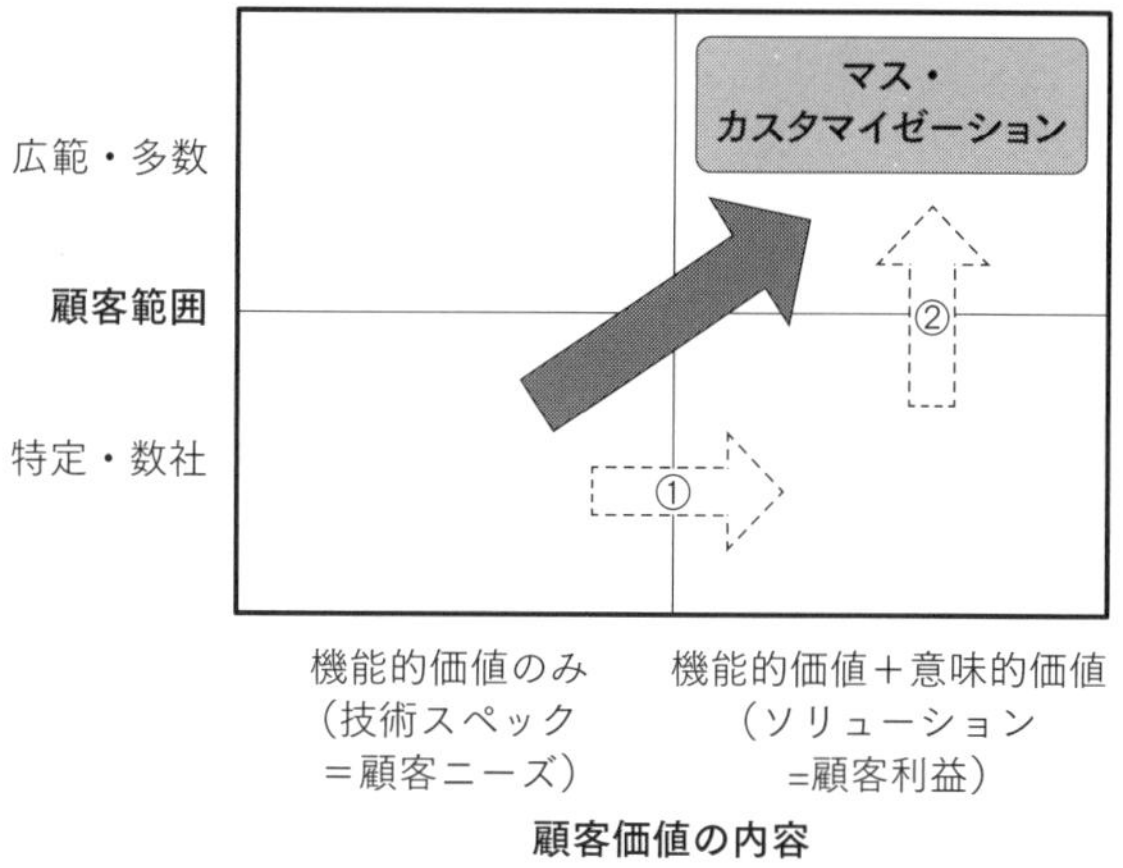

（出所）筆者作成

どれだけ多数の顧客企業に展開できているか、という2軸から構成される。

最も初歩的な生産財企業は、左下の、特定顧客企業のニーズに合わせた技術・仕様の製品を開発・製造して提供する。顧客価値としては機能的価値に限定される。モノの価値（機能的価値）だけを考えた製品を、特定の顧客に向けて生産・販売するアプローチである。例えば、長年、取引のある関連企業やお得意様企業から依頼された図面通りの製品を製造して納入する。

しかし、本書で主張するように、大きなイノベーション実現のためには、機能的価値だけでなく、意味的価値を付加する必要がある。そこで顧客企業に深く入り込み、顧客利益を高めるソリューション提案を追加する。この図では、①の矢印のように、左下から右方向に移動することになる。

次に、同様の価値を他企業へも展開しなくてはならない。特定の顧客企業だけでなく、広範な顧客企業へ深く入り込みソリューションを提案する。図では②の矢印で示しているように、右下から右上に移動する。

実際には、このような順番というよりも、図表３―４の右上セルの位置づけ、つまり、なるべく多くの顧客企業が、なるべく大きな統合的価値を享受できる製品を、同時に検討する必要がある。それがマス・カスタマイゼーションの領域である。長年にわたり、多くの企業の業務プロセスを知り尽くす努力を続けなければ実現できない。この点こそが、キーエンスの最大の強みであり、短期間で模倣しようと思っても、一般的な企業には極めて困難なのである。

5　顧客価値最大化の論理――経済性と潜在性

ここまで説明してきた、生産財企業が大きな顧客価値イノベーションを創出する条件を、汎用的な概念を使ってまとめよう。
図表３―５に示しているように、２つの要因が特に重要である。それらは、顧客企業の経済的価値への貢献と顧客価値の潜在性である。

図表3-5　顧客価値の条件

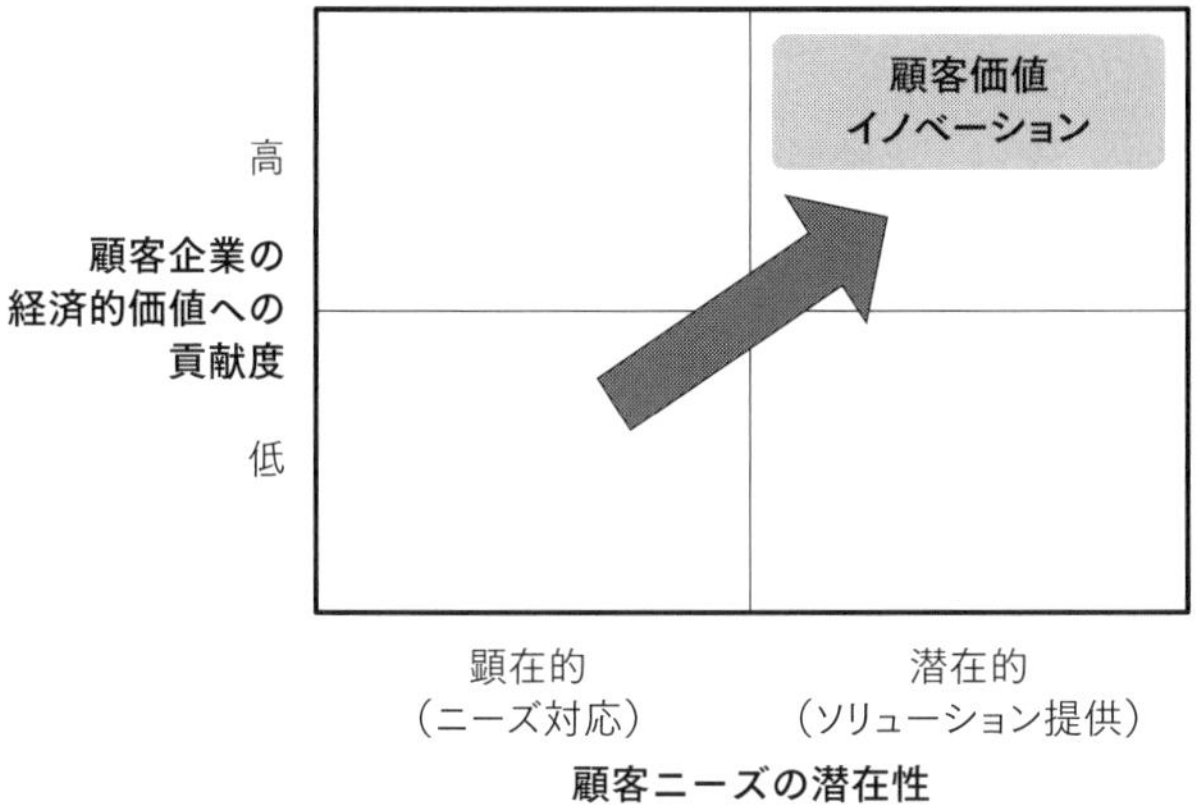

（出所）筆者作成

まず、優れた生産財企業は、顧客ニーズに合致して購入・使用してくれる製品というだけではなく、顧客企業がコスト削減や生産性向上によって大きな利益増加が実現できる製品・ソリューションを目標にする。つまり、顧客企業の経済的価値向上の最大化を目指す。この点を図表3－5では、縦軸の顧客企業の経済的価値への貢献度で示している。

しかも、結果論ではなく、顧客企業の利益増加に関して明確な目標を設定して実現することが重要だ。提供する製品が顧客企業のニーズに合致して使用されたとしても、利益増加への貢献が小さい場合は、優れた製品とは言えない。

さらには、この図表の縦軸だけでは表しきれなかったが、マス・カスタマイゼーションとして説明してきたように、大きな経済的価値を数社だけでなく、多数の顧客企業に対して提供することが求められる。

もう一点は、図表の横軸で定義する顧客ニーズの潜在性である。ここで顧客ニーズが潜在的な場合とは、顧客企業が問題解決やコスト削減を実現する方法や必要とされる製品について、気づいていないか十分な理解をしていない状況である。

逆に、顕在的な場合は、顧客企業が既に解決すべき課題やその解決方法を理解している状況だ。顧客企業が問題解決の方法を明確に理解していれば、それに必要な製品をなるべく低価格で注文・購入するだろう。

顕在化したニーズに合わせて提供する製品は、顧客ニーズが潜在的な場合よりも、製品の顧客価値と購入価格が低くなる。その理由は次の2点である。

まずは、顧客ニーズが潜在的で、問題解決する方法がわからない顧客企業に、その方法に関するソリューションを提案すれば、製品のモノの価値に加えて、提案内容自体にも価値が生じる。ノウハウや提案内容にチャージするコンサルティングの価値と同じだ。

本章の第1節で図表3－1に示したように、生産財企業から提供される、顧客企業における経済的価値は、モノとしての機能的価値と、使い方なども含めた意味的価値の合計で決まる。顕在ニーズになっている場合は、意味的価値は顧客企業が既知なのでそこの対価は支払わない。商品の機能的価値だけの対価になるので、製品の顧客価値は低いことになる。

次に、顧客ニーズが顕在化し、問題解決のために購入すべき製品や使い方などが明確であれば、顧客企業はそのニーズを多くの生産財企業へ同時に具体的に伝えることができる。結果的に、そのなかで、最低価格をオファーした企業から購入することになる。この場合には、必然的に競争が発生し、製品価格は低下することになる。

このように図表３－５では、まず左下を回避しなくてはならない。顧客企業から要求された仕様（顕在ニーズ）に応じて製品を提供すると、機能的価値だけになり経済的価値への貢献も小さくなる。顧客企業が気づいていない、経済的価値を大きく高めるソリューションを提供する右上が、目指すべき領域である。

６ ＳＥＤＡモデル——生産財におけるアート思考

①ＳＥＤＡモデルの定義と重要性——暗黙性と革新性

イノベーションが複雑になり、求められる顧客価値が暗黙化した。そのため、機能的価値と意味的価値を融合した統合的価値が重要になった点は説明してきた。次に、統合的価値を構想するために、より効果的な概念モデルとして、機能的価値と意味的価値をさらに2分化したＳＥＤＡモデル（シーダモデル）が提案されている（延岡、２０２１）。ＳＥＤＡとは、サイエ

図表3-6　SEDAモデル

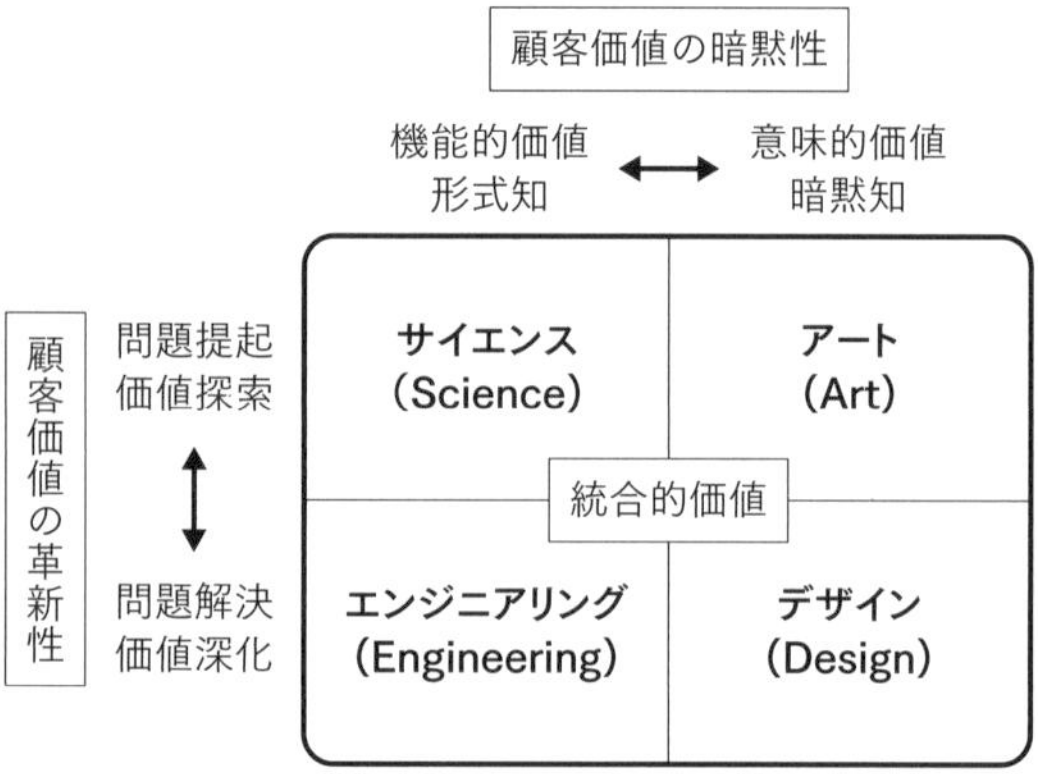

（出所）筆者作成

ンス（Science）、エンジニアリング（Engineering）、デザイン（Design）、アート（Art）の頭文字である。

図表3－6で示しているように、このモデルは2つの軸で構成される。まず横軸は、ここまでにも議論してきた機能的価値か意味的価値かという「顧客価値の暗黙性」。縦軸は、顧客の既存の課題を解決するのか、新しい価値や問題を提起するのかという「顧客価値の革新性」の軸である。

顧客価値の革新性は、問題解決・価値深化と問題提起・価値探索の2つで定義される。以前から経済学ではそれぞれを「活用（Exploitation）」と「探索（Exploration）」として対比して議論してきた（March, 1991）。前者は、自社が蓄積してきた既存の知識や技術を深化させて、顧客の特定の問題をうまく解決する。後者の問題提起・価値探索は、既存の価値の延長線上での問題解決ではなく、まったく新しい価値を探索し顧客に提案する。前者の価値深化は改善を積み重ねて1→10を目指すのに対して、後者の価値探索は0→1で表されるような、無から新たな価値を創り出す。

ここで、価値深化と価値探索を同時に追求するのは問題がある。価値深化で成功体験を続けていると、蓄積された慣性（イナーシャ）に流されて、ゼロからの価値探索ができにくくなる。価値探索を実施するためには、既存の知識を破壊・忘却しなくてはならない。その困難さが伴うので、既存の知識を蓄積する価値深化と革新的な価値探索の両方がうまく同時に実現できる企業は少ない。

近年、それらを両立させる経営について、O'Reilly III, C. and Tushman（2016）が「両利きの経営」と名付け、注目を集めた。

これら顧客価値の暗黙性と革新性の2軸から、SEDAの4つの価値に分類できる。

まず、図の左半分に配置される機能的な価値において、新たな可能性を探索し顧客に提起するのがサイエンス、既存の技術や知識を活用して顧客の問題を解決するのがエンジニアリングである。図の右側では、顧客の問題を意味的価値で解決するのがデザイン、顧客の想定を超えた革新的な問題提起をするのがアートである。

それらの、どれが重要ということではなく、4つすべてを統合的に活用して、顧客価値を最大化することが求められる。近年は、右側の意味的価値が一層重要になっている。そのため、機能的価値と意味的価値を統合して、ＳＥＤＡモデル全体を活用できている企業が成功する傾向が高まっている。そのなかでも特にデザインにとどまらずアートの分野までうまく創出して、４分野を統合した価値が実現できているアップルなどの企業が、突出した成功を収めてきた。

意味的価値に関して、近年、主に右下のデザインの領域が「デザイン思考（Design Thinking)」として注目されてきた（Brown, 2009）。そこでは、優れた機能に加えて、意匠（狭義のデザイン）や使いやすさなどで、顧客が抱える問題を解決し、ストレスを感じることなく満足する商品を目指す。数字や仕様で表すことができない価値なので、プロトタイプを早期に作成して、顧客の使用価値に関する満足度合いを評価しながら、商品開発を進める。

一方で、アートの領域は、顧客の満足にとどまらず、想定を超えた感動をもたらす。そのため、顧客の要望や困りごとを調査しても、それ自体は大きな貢献をもたらさない。顧客の想定を超えた革新性を技術でもたらせばサイエンスで、商品のコンセプトや哲学の革新性で表現するのがアートである。

アートの領域までカバーして、高度な統合的価値によって成功した代表例が、アップルである。スティーブ・ジョブズは、顧客ニーズに対応するのではなく、パソコンやスマートフォンで、想定を超えた圧倒的な使いやすさ（ユーザビリティ）や美しさを表現して、世界の人々を魅了した。

誤解をしないでほしいのは、アート思考では、顧客ニーズに無頓着で無視しているわけではない、ということだ。顧客の使い方や考え方などは、既によく理解したうえで、それを超えた提案をする。成功する芸術家が人々のニーズを聞かなくても、感動を呼ぶ作品を創出できるのと同じだ。人間とは何か、感動とは何かを一般の人々よりも深く理解している。

同様に、スティーブ・ジョブズも顧客の声に依存しないのでユーザー調査はしない。「どんなスマートフォンが欲しいですか」とユーザーに聞いて対応するわけではないからだ。パソコンやスマートフォンに関しては、顧客以上に、将来のあるべき姿を描く能力・知識があった。加えて、特定商品を、将来、ユーザーが使用する際の気持ちになり切ることができる能力にも恵まれていたのだろう。

アート思考に優れた人材は、一流の芸術家や映画監督などが象徴的だが、直接的にユーザーの声に左右されることなく、自分が信じるあるべき姿を商品やサービスで表現する。顧客の声にそのまま対応しないので、失敗するリスクはある。このアプローチによって、顧客の想定を超えた感動をもたらす結果を実際に伴うのが、経営における優れたアート思考である。

製造業に関しても、考え方は同じである。なお、消費財のアート思考については、『アート思考のものづくり』(延岡、2021)に詳しく書いているので参照してほしい。

②アート思考の生産財への応用

本書が題材とする生産財においても、顧客企業のニーズや想定を超えたソリューションを提案するアート思考の重要性は高い。

まずは、ＳＥＤＡモデル全体を生産財に応用するための基本的な考え方を説明する。工場で使う工作機械を例として考えよう。図表３－６（ＳＥＤＡモデル）の左側のサイエンスとエンジニアリングは、高速で精度が高い加工技術など、技術的に優れている製品によって、機能的価値を顧客企業に提供する。エンジニアリングは、顧客ニーズに合わせて必要とされる機能を開発し提供する。サイエンスは、顧客の顕在ニーズを超えて、例えば、これまでにはできなかった加工を可能にする革新的技術を提案する。

次に、図表の右側の、意味的価値について生産財で考える。まず、デザイン思考に相当するのは、単なる技術仕様（機能的価値）を超えて、例えば、導入が簡単で工事の経費が削減されるとか、使いやすくて作業者が大幅に時間短縮できる工作機械である。製品機能を超えて、顧客が実際に活用するうえで、困っていたり効率が悪かったりする問題点を解決する。

一方で、アート領域では、顧客企業が具体的に問題とは認識していない点に注目して、新たな提案を行う。想定していた問題設定自体を超えた提案である。例えば、顧客が考えていた工作機械を使った製造方法とは、まったく異なったアプローチを提案する。極端な事例として

図表 3-7　アート思考とデザイン思考

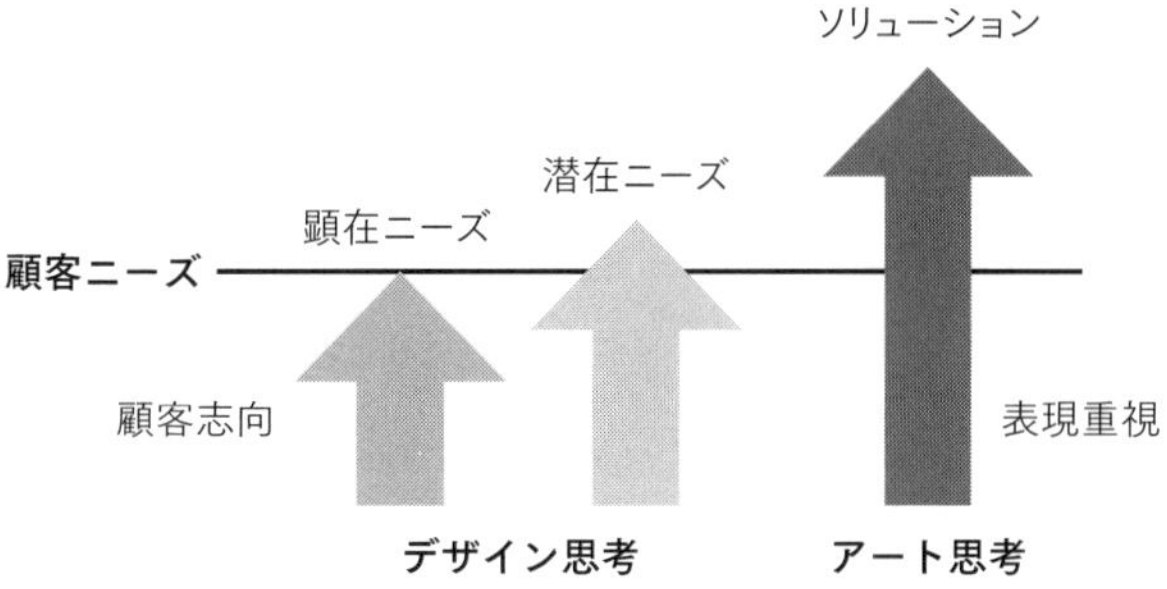

（出所）筆者作成

は、工作機械を使わなくてもよい工程を提案することなども含まれる。

生産財におけるアート思考の具体的な事例としては、第6章で説明するキーエンスの商品を参照してほしい。それらは、顧客の想定を超えた革新的なソリューションを提供してきた。

前節では、顧客価値の潜在性の区分として、顕在ニーズと潜在ニーズに分けて説明した。図表3－7では、潜在性の高い顧客価値をさらに、潜在ニーズ対応とソリューション提供に細分化している。

潜在ニーズとソリューションの差異については、第2章でも簡単に触れたが、区別は明白ではなく連続的と言った方がよいだろう。ただし、言葉の使い方として慣習的には差異がある。例えば、優れたコンサルタントが、業務のやり方を根本的に見直して新しいプロセスを導入した場合、表現として「潜在ニーズを掘り起こした」と言うよりも

「新たなソリューションを提案した」の方が適切だ。

アート思考は、まったく新しい独自の考え方と方法で、顧客企業の期待以上の成果を達成する、革新的なソリューションを提供する。

具体的には、まずは、顧客企業の現場や使い方を、顧客と同等かそれ以上に熟知することが必要だ。顧客企業が認識する具体的な問題点やニーズを聞くだけでは、アート思考は実現できない。一流コンサルタントと同様に、顧客企業の業務全体の目的とやり方をすべて把握しなければならない。

加えて、少なくとも自社の商品を使用する可能性のある領域においては、顧客企業以上に高度な、生産性・品質向上などに関する問題解決能力が求められる。このアプローチによって、顧客企業の問題設定を超越した、新たな提案が可能になる。

本章で既に説明したように、生産財企業は、「専門性の優位性」と「顧客範囲の経済性」をうまく活用すれば、顧客企業に対して、問題解決能力において優位性を構築できる。

7　理論解説編まとめ

本章では、主に、一般的な経営学の理論として、生産財におけるイノベーション、つまり新たな顧客価値を創造する条件について議論してきた。本書で説明するように、キーエンスは、これらの基本的な必要条件をすべて実践している。最後にそのポイントをまとめておこう。

生産財企業は、SEDAモデルの4つの領域（サイエンス、エンジニアリング、デザイン、アート）を統合して、大きなイノベーションを実現することが理想的だ。機能的価値だけではなく、意味的価値（ソリューション価値）を統合して、顧客企業の経済的価値の最大化を目標としなくてはならない。

さらには、そのなかでも、特に次の2点が重要である。

第一に、大きな経済的価値をなるべく共通化・標準化して、多くの顧客企業へ提案する「マス・カスタマイゼーション」である。顧客企業に入り込んで、大きなソリューション価値の創出と、それを標準化して広く横展開することによって、量産効果・学習効果による低コスト化も同時に実現する戦略だ。市場起点ではなく顧客起点だが、数社のみを対象とするのではなく、多くの顧客企業を対象とした顧客起点である。

第二に、顧客企業の顕在ニーズに対応するのではなく、顧客が気づいていない解決策を提案する点である。特に、顧客企業の経済的価値を高めるための方法を独自に見つけ出して、提案しなくてはならない。

さらには、顧客が目指す目的の根源に立ち戻り、特定の問題解決策だけでなく、顧客企業の想定を大きく超えて、問題設定自体を覆す革新的なソリューション提案が理想的である。それが、アート思考を取り入れた顧客価値イノベーションだ。

　キーエンスは、これらの生産財企業としてやるべきことを、きちんと実施できるのが優れた点である。経営方針の一つでもあるが、原理原則を徹底的に追求する姿勢である。実際には、やるべきことを完璧に近い形で実行することは、極めて困難である。次章以降、それをいかに実施しているかについて具体的に説明する。

第4章

顧客価値イノベーションの組織

キーエンスの成功に結びつくロジックと概要を前章までで説明してきた。本章からは、具体的にイノベーション創出の組織構造（第4章）とプロセス（第5章・第6章）を説明する。

キーエンスは、生産財では珍しく、自社の「製品」を必ず「商品」と呼ぶ。製品はモノのイメージが強いが、キーエンスの商品は、モノの価値ではなくソリューションの提供だという経営哲学を象徴している。モノからコトへという近年普及した概念を、半世紀前の創業時から取り入れている。

顧客企業が適切な商品を適切な企業・業務場所で正しく使ったときに初めて、キーエンスが目標とする高い顧客価値が生まれる。本書の言葉では、モノとしての「機能的価値」とソリューションとしての「意味的価値」の相乗効果を反映した「統合的価値」である。

組織的に際立って優れているのは、統合的価値を最大化するという目的達成のために、理想的な組織になっている点だ。そのなかで、まず本章では、組織構造の特徴を説明する。

目標達成のためには、顧客企業の製造工程や研究開発プロセスにおいて、大幅な利益向上を提案できるコンサルティング能力が必須である。そのような人材であふれた企業にするために、キーエンスでは、それぞれの商品分野における、真の専門家（プロフェッショナル）集団をつくり出している。

その専門家集団を象徴するのが、強固な事業部制だ。9つある各事業部の担当者全員が、それぞれの分野で顧客企業に対してソリューション提案ができる能力を備えることを目指している。事業部のトップマネジメントはもちろん、営業部隊と商品開発も含めて全員が、各事業のイノベーションに向けて強固に団結したプロフェッショナル集団として組織されている。新入社員は、入社後何年かすれば、配属された事業部の商品、市場、顧客に関する高度な専門家として育つ仕組みが充実している。

以下では、キーエンスの事業部と商品の展開に続いて、各事業部内の組織構造と本社機能について、説明しよう。

1　強固な事業部制と商品展開

創業時の主力商品は、工場の製造ラインで、不良品の検知などを目的としたセンサであった。現在でも主力商品分野の一つである点に変わりはない。その後、主に工場での自動化や品質管理に関係する様々な商品を展開してきた。加えて、工場だけでなく、大学や企業の研究所でも使われる顕微鏡・マイクロスコープなどの分野にも参入してきた。

２０２２年現在、図表４－１で示した9事業部がある。キーエンスは、各事業部が担当する商品リストを公表しない方針なので、代表的な主力商品例のみを記す。

図表 4-1　キーエンスの事業部

事業部名	主力商品例
センサ事業部	FA用センサ
アプリセンサ事業部	判別・変位センサ
精密測定事業部	レーザ変位計
画像システム事業部	画像処理システム
制御システム事業部	PLC（プログラマブル・ロジック・コントローラ）
マイクロスコープ事業部	デジタルマイクロスコープ
メトロロジ事業部	三次元測定機
自動認識事業部	バーコードリーダ
マーキング事業部	レーザーマーカ

（出所）株式会社キーエンス提供の情報から筆者作成

商品展開やそれらの売り上げの状況によって、事業部の追加や組み替えは行われる。ただし、キーエンスの主力事業はほとんどすべて、歴史的に好業績を継続してきているので、これまで事業や商品分野の組み替え等、変更は多くない。

結果的に、それぞれの事業部は、その分野における真の専門家集団として、能力構築・育成が継続されている。ただし、売上高の成長が著しいので、事業部数は少しずつ増えてきた。

例えば、全社の売上高が２０００億円程度であった２０１０年頃は、現在の９事業部に対して、７事業部だった（延岡・岩崎、２００９）。

２０２２年時点で、売上高が７０００億円強なので、１事業部あたりの売り上げは顕著に拡大してきた。９事業部に増えても、単純平均すれば、1事業部あたり約800億円の売り上げになる。事業部の効率的・効果的なマネジメントのために、これくらいの事業部数が必要であろう。

キーエンスの事業部と事業・商品展開を考えるときに、まず理解しなくてはならないのは、社会的な存在意義として、大きな顧客価値（高価でも大きい費用対効果）が実現できなくてはならないとする前提である。その目安として、社会貢献を象徴する売上高総利益率（粗利率）の平均は継続して8割程度だ。

第1章の図表1－1に示した、売上高営業利益率の推移からもわかるように、歴史的に過去30年間大きな変化はない。それと同等に、顧客や社会に貢献できない事業は、キーエンスとしては、存在意義が高くないと考えるのが妥当であろう。

事業や商品を展開する前提条件が、このレベルの高度な顧客価値と社会貢献なので、単に、商品揃えとして体系的に展開するという意味合いは小さい。一般企業では理解しにくいようで、キーエンスを題材にして企業研修をしていると、ときどき受ける質問が、「キーエンスは規模が小さかったから粗利8割が実現できたけど、大きくなると無理ではないですか」というものだ。

これはロジックが逆である。キーエンスはそのレベルの大きな社会貢献ができなければ、闇雲に商品数や売り上げを増やすことはない。一方で、売り上げを増やすことが目的化している日本企業がまだ多いのは残念だ。

古い事例になるが、1982年に、売上高営業利益率が20％で全売上高の15％を占めていた「自動線材切断機事業」を売却した。その理由の一つは、センサ事業と比較すると、20％の利益率でも、付加価値創造による社会的な存在意義が低かったからだ（日本経済新聞社、1999）。

この根本的な考え方が、事業部の仕組みにも反映されている。ここまで高レベルの付加価値創出、つまり顧客企業の利益向上を提案し続けるためには、各事業部の商品開発者も営業担当者も、事業部が扱う商品の真のプロフェッショナルでなくてはならない。事業部とは、その分野のプロ集団を徹底的に育成して、強力なチームとして最大限の成果を実現するための組織なのである。

これを実現するために、各事業部は、それぞれ別個に、専門の商品開発と営業の部門を持つ。各事業部がすべて独立して活動するのは、事業部間の壁の弊害があり、効率が良くないと考えるかもしれない。しかし、キーエンスの経営哲学からすれば、それ以上に優先されるべきなのは、各事業部が専門的に高い能力を持ち、顧客企業に大きな生産性・利益向上を提案することだ。

もちろん事業部制の弊害を完全に取り去ることはできない。例えば、営業活動は基本的に事業部別に行うので、同じ顧客企業に、複数の事業部から別の営業担当者が訪問することもある。それでも顧客企業は、各事業部から大きな価値を提供してもらえるので、特段に弊害だとは感じていないようだ。

加えて、各事業部が目指す高い目標を達成するために、他事業部との協力が役立つ場合には、事業部間連携の仕組みなどとは関係なく、当然のように活用する。例えば、センサの営業であれば、センサとＰＬＣを組み合わせた方が顧客企業の生産性が向上する場合には、ＰＬＣの営業と一緒に顧客へ提案することもある。

別の事例としては、商品開発の付加価値向上のために、他事業部の技術が必要であれば、すぐに技術を学習し移転する。このように、事業部間の連携の仕組みではなく、事業部としての高い目標達成のために、自主的に連携するのだ。

結果的に、事業部間の壁の弊害よりも、元来の事業部のメリットを最大限に活用して、会社全体として、長年にわたり驚異的な業績を上げ続けてきた。多くの企業で、事業部間の壁が問題で、それが低業績の原因だという声を聞く。言い訳にすぎないのではないだろうか。事業部間の調整よりも、個々の事業として顧客にとって大きな価値を創出する方が重要だ。

加えて、高い目標を本気で達成しようとする際に必要であれば、自主的に近隣事業部に協力を求めるはずだ。事業部間の壁の問題というよりも、目標設定やそれを達成する本気度に問題があるのだろう。

2 事業部の組織構成と仕組み

事業部の組織とその運営としては、顧客価値創出が最もうまくできるように最適化されている。そのため、事業部内の組織構成は、基本的に、9つの各事業部間で共通である。

図表4－2にあるように、まず、各事業部に事業部責任者が配置される。次に、事業部内に、大きくは営業と商品開発の2つの組織領域がある。このなかで、営業所（国内外に設置）と商品開発グループ（以下商品開発G）が、営業と商品開発それぞれの分野の実行部隊だ。それらに付随して、戦略的スタッフ部門と呼んでもよい組織がある。営業には販売促進グループ（以下販売促進G）、商品開発には商品企画グループ（以下商品企画G）である。それらは、営業・マーケティングと商品開発を戦略的に先導する役割である。

「戦略的スタッフ部門」と説明したが、実際には、キーエンスには「戦略」という抽象的な言葉はあまり馴染まないし、社内でも使わない。販売促進Gと商品企画Gの使命も、戦略的と言いつつ、明確で具体的だ。つまり、顧客価値を創出するという点で、営業・マーケティングと商品開発を強力にサポートして牽引する。

販売促進Gと商品企画Gは、外部からの客観的な視点では、戦略スタッフ部門として、優秀

図表4-2　事業部の組織

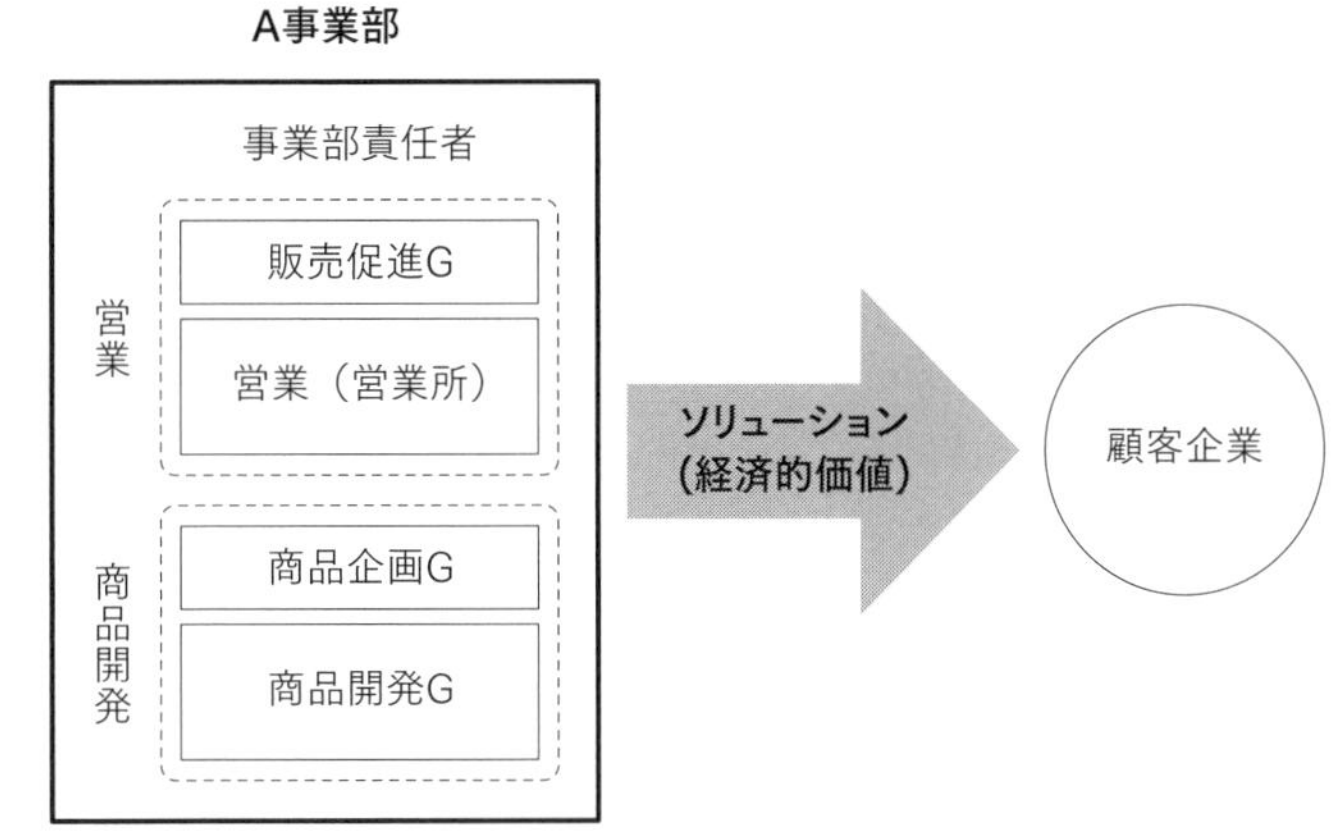

（出所）株式会社キーエンス提供の情報から筆者作成

な人材が抜擢されるエリート部門に見える。しかし、キーエンスは、階層を否定して役割分担だとするのと同様の理由で、エリート部門という考え方もしない。営業方針や商品企画を担当する役割であり、営業や商品開発の上に立つわけではないと考える。階層もエリートも必要としない一丸となったチームなのだ。

再確認しておくと、この図にある事業部組織と同じものが、社内に9つ存在する。販売促進Gや商品企画Gも含めてこの組織構造が効果的なので、事業部によって変える必要はないのだろう。

この組織構造は、長年にわたり、極めて効果的に機能してきた。結果的に、少なくとも過去20年間以上、組織構造も含めて、経営方針・目標設定・業務プロセスなどに大きな変更は見られない（延岡・岩崎、２００９）。トヨタ生産方式と同じように、全体として一貫した普遍的な正当性がある。

ただし、注意すべきなのは、事業部別に、細かいやり方などには、違いがある。キーエンスの経営方針として、最も重視する考え方は主体性と柔軟性である。事業部の扱う商品や顧客企業の違いで、細かい経営プロセスは事業部別に柔軟に適合させなくてはならない。本社部門から、強力に経営プロセスを指示するのではなく、事業部が主体的に運営している。

組織構造の特徴として重要なのは、会社全体だけでなく事業部内においても、組織構造や企業文化など、すべての意味で、極めてフラットな点である。

本章の後半で説明するが、まずは全社レベルで見ると、事業部以外の本社機能は必要最低限しか存在しない。各事業部における顧客価値の最大化が経営の中心で、それ以外の機能や業務は多くを必要としない。

事業部内でも、本社と同様に、戦略部門などの管理部門はほとんど存在しない。強いて言えば、商品企画Gと販売促進Gが、事業部のスタッフとして事業部責任者のサポート的な役割を担っている。９つの事業部に分かれているので、各事業部は、トップマネジメントも小さく凝縮して一体となって経営をしている。そのため独立した管理部門やスタッフ部門は必要ない。

図表４－２に戻るが、２０２２年時点で、営業担当者は、日本も含めて世界の46カ国２３０

拠点に散らばっている。連結従業員数８９６１名のなかで半数以上が営業部隊だと思われる。一方で、本社にはマーケティングに相当する販売促進Ｇがあるが、営業部門はない。

一般的な日本の大手製造企業は、本社にも営業部門が存在する場合が多い。しかし、スタッフ的な部門をなるべく省略するキーエンスには必要ない。また、直接販売であり、顧客企業との接点で、大きな価値を創り出す方針からも、営業部隊はすべて販売拠点に配置される方が合理的だろう。

営業部隊以外の、商品開発Ｇ、商品企画Ｇ、販売促進Ｇは、事業部責任者とともに、主に大阪の本社ビルに集結している。基本方針としては、事業部別に本社ビルの各階に配置され、大部屋方式を採用している。

事業部内の全員がチームとして同じ目標に向かって顧客価値の最大化を目指すので、組織内のコミュニケーションや協働が必須である。そのためにも、社員同士が自由闊達に情報共有と議論を行う文化を醸成してきた。このオープンな社風を、本社ビルの建築においても再現している。

１９９４年に竣工した本社ビル（図表４－３）は、柱を四隅ではなく四方の外壁中央部に設置する画期的な建築構造により、それぞれのフロアにはコミュニケーションを阻害する柱、壁、仕切りが存在しない。そこでは、顔が見えない高さの仕切りボードも設置していないので、全

図表4-3　本社ビル

（出所）株式会社キーエンス

員の顔が見渡せる。コミュニケーション促進において学術的にも優位性が証明されている「コ・ロケーション」のなかでも理想的なレイアウトだ。

　このビルは、過去10年間に全世界で建造された建築物や橋梁のなかから選ばれる国際構造工学会「優秀構造賞」（2000年）など、数々の受賞を誇る。

　事業部全体が同じ部屋にコ・ロケーションすることによって、例えば、商品開発メンバーは、市場や顧客企業について極めて詳しい販売促進Gと、いつでも意見交換ができる。商品開発に取り組む最中に、顧客企業の商品の使い方や業務プロセスなどを、知りたいタイミングで簡単に質問できるのは、極めて有用かつ効果的だ。一方で、販売促進Gは、営業・マーケティング戦略を考える際に、商品企画Gや商品開発Gと頻繁に議論を交わすことが可能である。

以下では、営業所、販売促進G、商品開発G、商品企画Gについて、簡単にその構造と役割を概説する。より詳しい業務プロセスについては、次章以降で説明する。

3 営業組織と営業所

最初に、営業部隊が配置されている営業所について、国内を例にとって簡単に説明する。海外拠点についても、細かい組織構造や名称などに多少の違いはあるが、直接販売のビジネスモデルも含めて、組織プロセスや営業担当者の役割などの基本的な考え方は国内と同じである。

なお、キーエンスの営業担当者は、技術についても極めて詳しいので、技術系専攻や元技術者も配置されていると誤解される場合があるが、ほとんどすべて文系出身者である。入社後、商品と技術に関して、徹底的に勉強する。

営業所の組織を図表4－4に示している。

国内には、約50の営業拠点が展開されている。前述の通り、各営業所のトップは、一般的には営業所長と呼ばれる職位だが、キーエンスでは営業所責任者と呼ばれる。

各営業所には、9事業部のすべてが配置されているわけではない。例えば、ある時点でのホ

図表4-4　営業所の組織

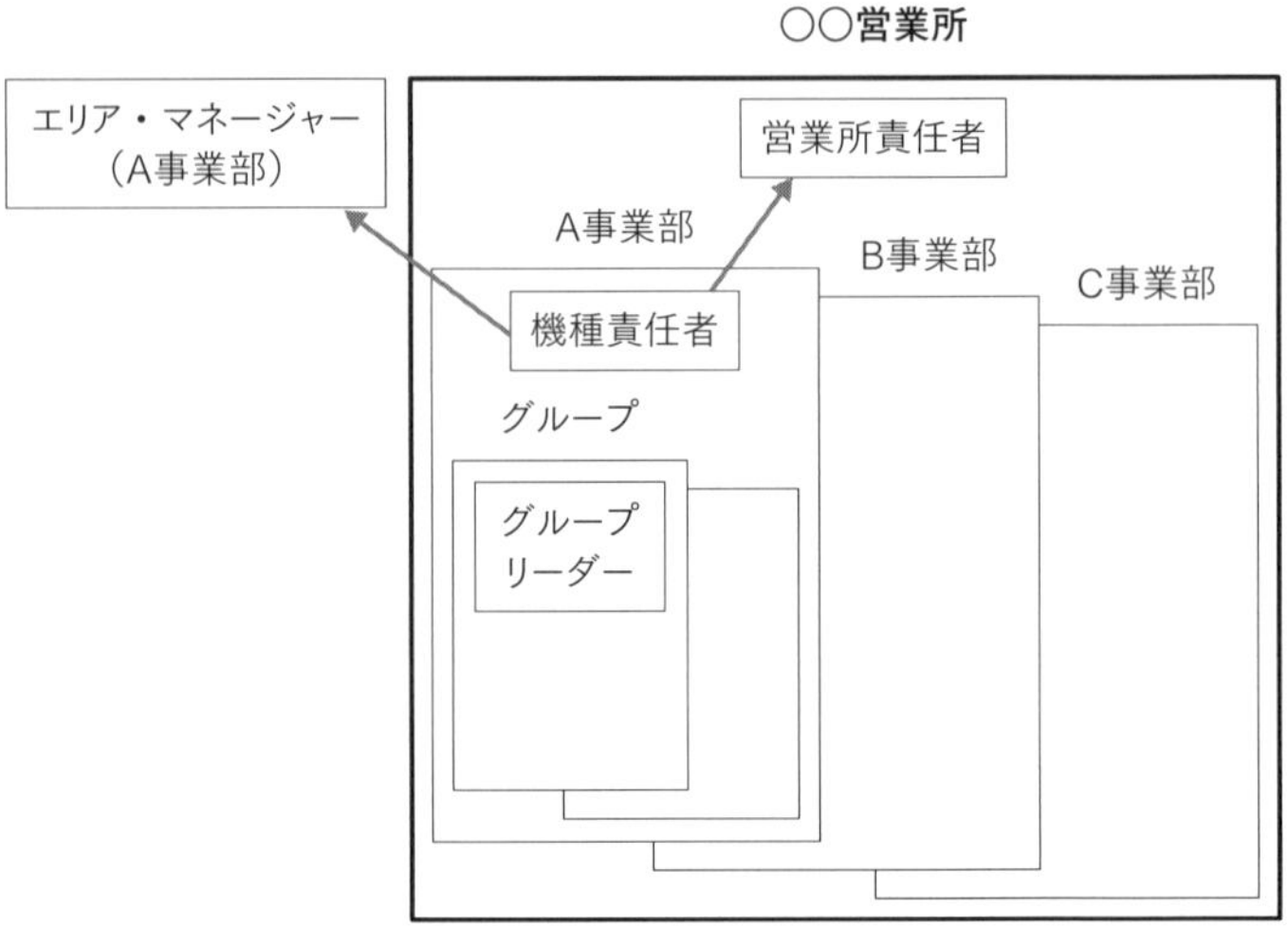

（出所）株式会社キーエンスから提供された情報から筆者作成

ームページの説明によれば、センサ事業部は30以上の拠点に配置されるが、マイクロスコープ事業部は8拠点、三次元測定機などのメトロロジ事業部は6拠点に限定して展開されている（巻末・参考文献／Webサイトを参照：キーエンスHP2）。

　そのため例えば、ある営業所には、5つの事業部から、またはある営業所は3つの事業部から、営業担当者が配置されている。図表4－4は、3事業部が配置された営業所の事例だ。

　キーエンスで、大きな顧客価値創出ができるのは、その分野のプロが集まった各事業部が効果的に機能しているからだ。営業所のマネジメントに関しても、実質的には事業部が重視される。そこで、以下に説明するが、複数の事業部を束ねる営業所責任者の役割は事業運営のマネジメントではなく、営業所内の組織運営管理が主体である。

営業所内の各事業部営業をまとめるのが「機種責任者」である。例えば、東京営業所のセンサ事業部のメンバーをまとめるのが、センサ事業の機種責任者だ。つまり、各営業所には、基本的にはそこに配置されている事業部の数だけ、機種責任者がいる。一般的には、各営業所の事業部責任者と理解した方がわかりやすいだろう。

営業所責任者は機種責任者の上司というわけではない。営業所責任者は、事業ではなく、営業所の運営・管理に責任を持つ役割だ。事業部をまたがる共通業務など、営業所全体を日常的に効率よく運営するマネジメントである。そのため、場合によっては、機種責任者の一人が、営業所責任者を兼ねる場合もある。

機種責任者の実質的な上司は、営業所責任者ではなく「エリア・マネージャー」である。エリア・マネージャーは、特定地域にある複数の営業所の同じ事業部の機種責任者（および営業部隊）をまとめる。例えば、東京地区の５つの営業所に配置されているセンサ事業部の営業部隊をまとめる役割である。通常は、それら営業所の一つに陣取る。

機種責任者のもとでは、営業担当者の人数も組織も、営業所によって多様である。営業担当者が多い場合には、例えば、商品担当別でグループに分割され、グループリーダーが任命される。グループリーダーは、営業所内の機種責任者のサポート的な位置づけでもある。特に、若手営業担当者の指導的役割としても重要な役割を果たす。

営業所内でも、個人的な成果だけでなく、それ以上に、組織としての成果が目標とされている。そのため、機種責任者やグループリーダーなどが中心になって、顧客情報や新商品などの情報共有や意見交換が活発に行われている。

事業部内の営業組織の構造を階層としてまとめると、上から事業部責任者、エリア・マネージャー、機種責任者、グループリーダー、メンバー（営業担当者）という5階層になる。これが事業部内における営業活動の基本単位である。

ただし、キーエンスはすべてにおいて柔軟に対応するので、営業所内の一つの事業部の担当範囲が大きく、営業担当者が多い場合には、商品カテゴリーで複数に分割して、それぞれに機種責任者を置く場合もある。同様に、一人の機種責任者のもとに営業担当者の人数が少ない場合には、グループに分けない場合もある。このように、組織構造についても、実質本位なので、単一のルールでは説明できないし、例外的な措置も多い。

4 販売促進グループ

①マーケティング業務担当としての位置づけと特徴

各事業部にある販売促進Gは、本社に設置され、事業部全体のマーケティング・営業方針の決定・推進を担当する。同時に、世界中の営業活動を戦略面も含めてサポートする。キーエンスのコンサルティング営業力を構築・展開するために重要な役割を担う。

具体的な役割は多岐にわたる。日常的な主要業務としては、グローバルな視点から市場分析、顧客調査、販売・売上分析などを実施し、今後の営業方針を構築する。また、営業部隊の販売促進に向けて、新商品の市場導入準備、販売促進ツールの作成、ソリューション営業のサポート、営業担当者の教育、などを実施する。

それらの業務を実行するためにも、世界中の営業活動のなかで得られる重要な顧客情報や、効果的なソリューション提案に関するノウハウがすべて販売促進Gに集約されている。

販売促進Gの実施する内容を具体的に限定して、すべてを示すことはできない。最終的な目的は、営業部隊が、顧客企業の利益を高めるソリューション提案をうまく実施するための戦術、仕組みや方法を柔軟かつ創造的に検討・構築することで、定型化されているわけではないからだ。

販売促進Gのメンバーが個々に、販売方法や営業の活動に関してどのような施策とサポートが必要かを主体的に考え続けて、そのなかから、効果的な方策を適切なタイミングで実施する。そのような営業戦略と具体的な施策を自主的に構想することに長けた人材が配置されている。

一般の製造企業で言えば、営業部門に対するマーケティング部門に近い。販売促進Gも通常のマーケティング機能として、市場全体の動向調査をしたうえで、宣伝や販売促進、流通などの施策を考える。

ただし、同時に販売促進Gは、個々の顧客企業の現場で、営業部隊が生産性向上・ソリューションを提案するための具体的な販売施策を重視する。キーエンスでは、営業・マーケティング戦略として、ターゲット市場全体に向けた宣伝や販促、市場調査などと同等かそれ以上に、個別の顧客企業の業務に合わせた価値提案が重要だからだ。第3章の説明で言えば、「市場起点」ではなく「顧客起点」だ。

例えば、ある機能を持った新しいセンサの市場導入を考えよう。通常のマーケティング活動として、販売促進イベント、専門誌への宣伝掲載、市場動向調査、ターゲットとする業界・企業の設定など市場全体からの視点も重視する。

加えて、特徴的なのは、具体的に、様々な製造プロセスを持った顧客企業の工場で、新しいセンサをどのように使えば、どれだけの効率向上の提案ができるかという現場に直結した視点を重視する。このような具体的なソリューション提案のやり方などについても、販売促進Gが徹底的に調査・検討を実施したうえで、商品導入時に営業部隊に展開する。

多くの顧客企業へのソリューション提案で成功している営業所の活動内容を調査したり、成績の良い営業担当者に同行したりして、優れた営業のやり方を分析したうえで、横展開するのも販売促進Gの役割だ。個々の営業担当者をサポートすると同時に、ベストプラクティスを世界へ展開するのである。

この役割を果たす販売促進Gのメンバーは、優秀な営業担当者と同様かそれ以上に、個別企業でコンサルティング営業を実施する高度な専門知識と能力を蓄積している。逆に言えば、営業経験者のなかでも、そのような能力に長けた人材が配属される場合が多い。

キーエンスの強みを象徴する最重要な概念の一つが、既に説明した「マス・カスタマイゼーション」だが、ここまでの説明でも示唆したように、販売促進Gの活動もそれに準じている。

営業・マーケティングの戦略や政策を考える場合でも、常に、マクロの視点であるグローバル市場全体からの分析（「マス」）だけでなく、ミクロの視点からの、各顧客企業固有に提供できる価値（「カスタマイゼーション」）の両方を重視している。「各顧客企業への経済的価値（ミクロ）」と「顧客企業数（マクロ）」の両方を掛け合わせた視点から、最大化を目指す。

マーケティング機能の一つとして、価格を検討する場合でも、市場全体の相場を見て決めるというよりも、多様な顧客企業個々にとっての費用対効果をベースに検討している。この点でも、市場起点ではなく、多くの顧客を対象とした顧客起点だ。一般的な生産財企業は、多数の顧客企業における経済的価値の知識や情報が十分ではないので、競合商品の価格や市場の相場で、価格を決める場合が多い。

②営業方針の展開と教育

世界各地域におけるマーケティング・販売政策を分析・検討して、販売方針や施策を主にエリア・マネージャー（および営業所の機種責任者）へ展開する。同時に、検討した販売政策を徹底する目的も含めて、営業担当者の研修や教育を実施するのも、販売促進Gの重要な役割である。

まずは、新入社員時の教育がある。4月入社から早い段階で、事業部別の研修になる。ここまで強調してきたように、各事業分野のプロ集団を育成して、大きな価値を顧客に提供することが最優先される。そのため、会社全体の研修よりも、各事業部別で、新入社員の早い段階から、取り扱う商品に関して使い方や技術も含めて商品知識を徹底的に学ぶことが重視される。

また、経営目標達成の基本である、顧客企業にとっての費用対効果の考え方、およびその分析・計算や提案の仕方は、最初から丁寧に教える。例えば、必要とされる人数と時間が減少したことによる効果と、商品の価格を比較して、キーエンスの商品を購入すると高い経済的効果が享受できる点を明確に示すことの重要性と具体的な提案方法などである。

重要な新商品が導入される際には、事業部内の営業担当者を集めて、その商品のコンセプト・新技術や主要な業界別に顧客企業にとっての価値を説明する。営業担当者は、新商品の実機やデモ機を触りながら、顧客企業へ訴求できるポイントを十分に理解することができる。特に、特定の業種や業務において生産性が大きく高まるソリューション提案ができる場合には、具体的に、典型的な顧客企業のオペレーションと、そこでの活用方法などを丁寧に説明する。

③販売促進ツールの提供――カタログ、デモ機、お役立ち事例

営業部隊をサポートする販促ツールやデータベースの準備・提供も重要な役割である。販促ツールとしては、第一に、カタログやデモ機である。カタログにも細心の注意を払い、完成までには何度も書き直す。カタログの最初から順番に説明すれば、仕様・技術の説明だけでなく、いかにその商品が顧客企業のコスト削減や効率向上に役立つかなどが、最もうまく説得できるように工夫する。

ただし、カタログだけでは商品の本質的な魅力が十分に伝わらない。特に、キーエンスの商

品が誇る中核的な強みは、圧倒的な使いやすさ（ユーザビリティ）や効率性、便利さである。そこで重視しているのが、デモ機である。実際に使ってもらうと、顧客は期待以上に使いやすい商品に感動する場合が多い。

第二に、カタログやデモ機に加えて、顧客企業にその商品の効果を理解してもらうため有用な、様々な情報や資料を準備する。代表的なのは、顧客企業の困りごとにうまく対応して、生産性が大きく高まった「お役立ち事例」である。実際の事例があれば、顧客企業が効果を具体的に理解しやすい。

④営業の学習支援資料――工程ハンドブック、他社商品比較

次に、販売促進Gは、営業担当者が顧客知識を学習するために有用な参考資料やデータベースなども準備する。

訪問する前から、顧客企業については、少なくとも、基本的な製造プロセスや技術について、顧客と同等の知識を持たなくてはならない。それを効果的に学習できる教材が重要である。

事業部によっても異なるが、センサなど、顧客企業の製造ラインで主に使われる商品を例に説明しよう。半導体、自動車、電池、液晶など顧客として主要な業種の製造プロセスに関しては、わかりやすく説明した「工程ハンドブック」を準備する。それを勉強しておけば、訪問前

から、製造工程について十分な知識を得ることができる。販売促進Gには、技術系出身者も配置され、顧客企業にとってわかりやすい技術マニュアルの作成も行う。同時に、営業担当者が難しい技術でもきちんと理解して、顧客へ効果的にわかりやすく説明できるように、技術解説冊子を作成する場合もある。

また、顧客企業がキーエンスの商品と比較検討する他社商品の情報も準備する。営業担当者が説得力の高い提案をするためには、他社商品と比較をして自社商品の価値の高さを説明することが必要だ。

具体的には、キーエンスの商品が高価であったとしても、その顧客企業にとっては、経済的価値が他社商品よりも高く、費用対効果が大きい点を説明する。それによって、顧客が自分で調査しなくても、購入を迅速に決めることができる。さらには、顧客企業にとっては、比較調査コストが削減され、購入が遅れることによる機会損失がなくなり、利益向上に結びつく。

逆に、他社の商品の方が顧客企業の経済的価値向上への貢献が高いのであれば、無理に自社の商品を売り込まない。キーエンスは、販売よりも真の顧客価値（利益向上）を重視する。

このように、販売促進Gはキーエンスの高度な営業活動を支えるための重要な役割を果たす。他の生産財企業では、ここまで効果的で戦略的な営業サポート組織はあまり見受けられない。

なお、販売促進Gの営業支援ツールに関しては、次章で、営業担当者が、実際にソリューション提案にそれらを活用するプロセスのなかでも、比較的詳しく説明する。

5 商品開発の役割と組織——技術者ではなく商品開発担当者

営業分野の営業所と販売促進Gについて説明したので、次に、商品開発分野の組織に移ろう。本章の最初に、図表4－2で示したように、新商品開発の組織は、商品開発グループと商品企画グループの2つからなる。

①新商品開発の組織——「技術者」はいない

新商品開発もすべて事業部別に分かれて組織されている。つまり全社的には、9つの商品開発Gと商品企画Gが配置されている。各々には、センサやマイクロスコープなど各事業部の扱う商品の専門性に秀でた人材が集結し、年々、その分野における商品開発能力を高めている。

事業部別に本社ビルの各階に配置されている点は説明したが、商品開発の担当者も、基本的には、本社の各階に集結して、密接に協働している。ただし、耐久テストや試作確認などで大きなスペースが必要な業務は、本社に隣接するクオリティ・ラボ（2009年設置）でも実施される。また、追加的に、２００１年に東京お台場にも研究所を設立した。そこでも、事業部別の活動が中心なのは、本社と同じである。

新商品開発の目標も、当然、顧客ニーズに合った優れた商品というレベルは超えて、顧客企業の生産性が高まり、利益向上に結びつく、経済的価値の高い商品である。顧客が欲しい商品をそのまま提供することはない。商品と顧客ソリューションを融合させて、大きな統合的価値を創出する。

そのためには、顧客ニーズを聞くのではなく、顧客企業が欲しい商品が使用される現場に関連する、業務全体の目的から製造工程や商品開発プロセスのすべてを丁寧に観察したり教えてもらったりする。そのうえで、顧客が想定した以上の生産性向上やコスト削減が実現される商品を提案するのである。このような方針は前述のとおり、営業も同じで、全社的に一貫している。

なお、統合的価値を目指すキーエンスでは、「製品」ではなく「商品」と呼ぶ点は、既に本章の最初に説明した。同様な理由で、一般的には、商品開発担当の技術系人材は「技術者」と呼ばれるが、キーエンスでは決して技術者とは呼ばない。技術を使って製品を設計・開発するのではなく、顧客価値の高い商品を開発するのが役割なので、技術者ではなく、「商品開発担当者」なのである。多くの開発メンバーが最難関大学院で工学・理学を専攻して、最先端の技術開発にも取り組んでいるので、多少違和感がある個所もあるが、本書でも、そのルールに従い、決して技術者とは書かず、すべて商品開発担当者と呼ぶ。

②過小評価されている技術力

新商品開発においても技術とソリューションを合計した統合的価値が重要だが、歴史的に捉えると、最先端技術の貢献の比重が年々高まってきたと言えるだろう。まだ、売上・利益額が小さい１９９０年代頃までは、一流大学出身の技術系人材を多く採用することは難しかった。しかし、それでも実際には、創業時から、特定分野において、技術力は業界でトップクラスだったようだ。特に、商品技術としての完成度や機能性、品質の高さという面では、大手企業に勝る部分が多かったと、当時のある役員は自信を持って説明する。技術へのこだわりは常に強かったらしい。創業初期の世界に誇る革新技術についても第6章で具体的に説明しているので、参照してほしい。

今では、時価総額が日本企業のトップ5に入り、就職先として人気企業の一つになったこともあり、国内でも最優秀な技術系学生が多く入社する。また、年々、事業の成功と成長にともない、様々な開発プロジェクトを経験して、技術力は急速に蓄積されてきた。そのため、純粋に技術力を誇る分野は一層増えてきた。

営業力やソリューション提案能力が突出しているキーエンスは、技術力が過小評価される場合が多い。しかし、実際には、技術力は創業時にも高かったし、今では、多くの分野で世界でもトップクラスを誇る。例えば、マイクロスコープや画像センサなどで重要な光学技術および画像処理のハード・ソフト技術や、印字やセンサに活用するレーザ技術などが代表的である。カタログを見ても世界初や業界初の技術にあふれている。

また、小型化技術は創業以来、集中的に取り組んできているので、独自的な強みとなっている。加えて、圧倒的な使いやすさを実現するためのユーザビリティに関する技術力も、業界トップに位置づけられる。

さらには、以下で説明するように、突出したソリューション能力自体も、高い技術力に支えられてきた部分が大きい。

③統合的価値（機能的価値＋意味的価値）における商品開発と営業の役割

近年特に強化された技術力で優位性がある分野でも、キーエンスでは、商品価値のなかで、技術による機能的価値だけが突出した商品を開発・導入することはあり得ない。常に、特定の顧客企業が使用するときに享受できる意味的価値を追求する。特に、人員・コストの削減や時間短縮などで、経済的価値に結びつくソリューションである。

図表4-5　商品開発と営業の顧客価値への役割

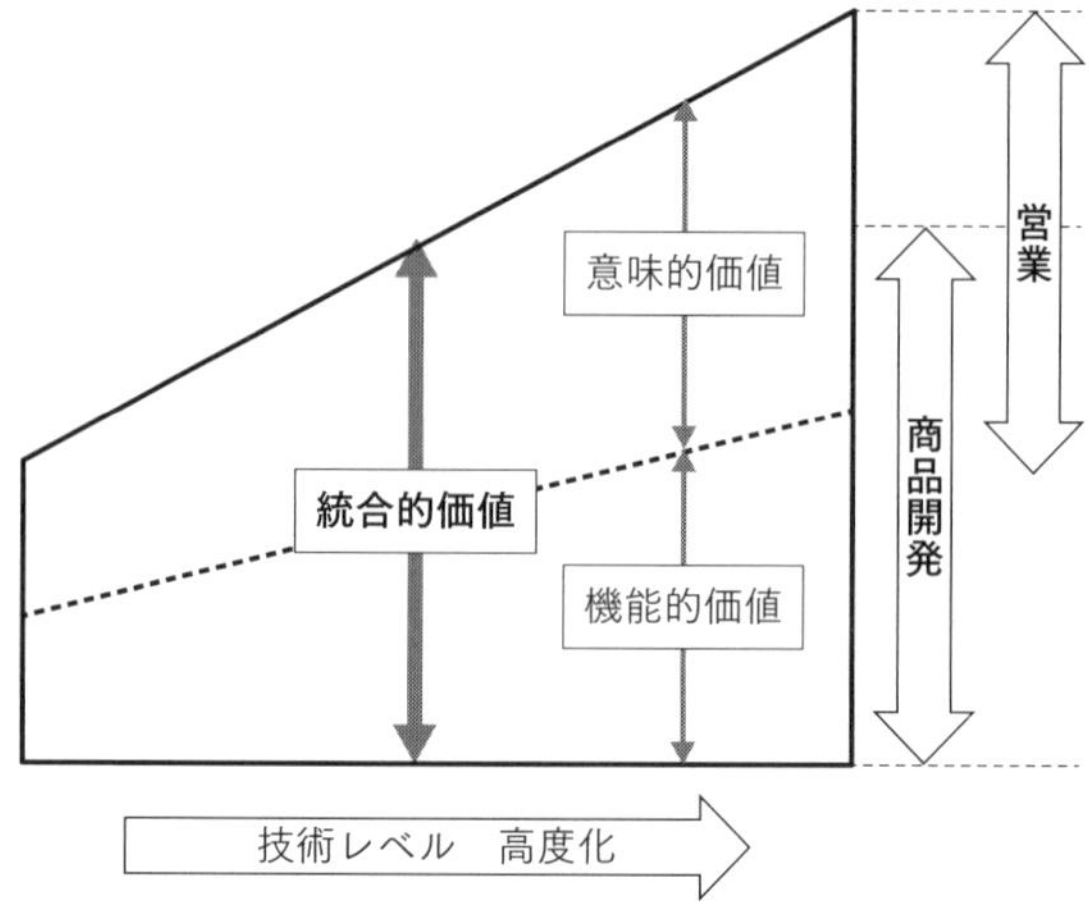

（出所）筆者作成

　顧客価値（統合的価値）の内容を分解して図表4－5に表している。この図によって、具体的には、2つの重要点を明示している。

　第一に、図の縦方向では、目指す商品の顧客価値は、機能的価値と意味的価値（ソリューション価値）を合計した統合的価値である点を示している。ここで重要なのは、図の右端に示しているように、それを商品開発と営業が共創している点である。商品開発が技術を活用した機能的価値、営業がソリューションによる意味的価値という役割分担ではない。商品開発もソリューション提供に関して大きな貢献をする。

　第二に、図では右方向への動きで表しているが、技術レベルが高度化すれば、機能的価値だけではなく、意味的価値（ソリューション価値）も連動して拡大する。実際に、キーエンスでは、年々、図表4－5の右側に急速に進展してきた。結果として、機能的価値と意味的価値の相乗効果によって、合計である統合的価値は顕著に拡張してきた。それが、過去10年間以上にわたる、驚異的な業績の伸長に結びついてきた。

機能的価値を主体にした他の生産財企業であれば、商品開発において技術レベルが高まれば、主に機能的価値の向上だけに貢献する場合が多い。

④商品開発とソリューション開発の相乗効果――技術のレバレッジ

機能的価値と意味的価値（ソリューション価値）の相乗効果について触れてきたが、ここでは、それを生み出すプロセスについて、図表4－6で説明する。

まず、キーエンスの商品開発では、常に、右上の機能的価値と意味的価値の両方が高く統合的価値が大きい商品を顧客企業に提供する。統合的価値を高めることによって、顧客企業に大きな経済的価値をもたらす。

つまり、まず図中の矢印①のように、技術革新によって機能的価値だけを高めることはしない。多様なソリューション提供の可能性を広げることによって、開発した革新技術をレバレッジして、より大きな顧客価値（統合的価値＝経済的価値）に結びつける。

図表4-6　技術とソリューションの相乗効果：統合的価値の向上

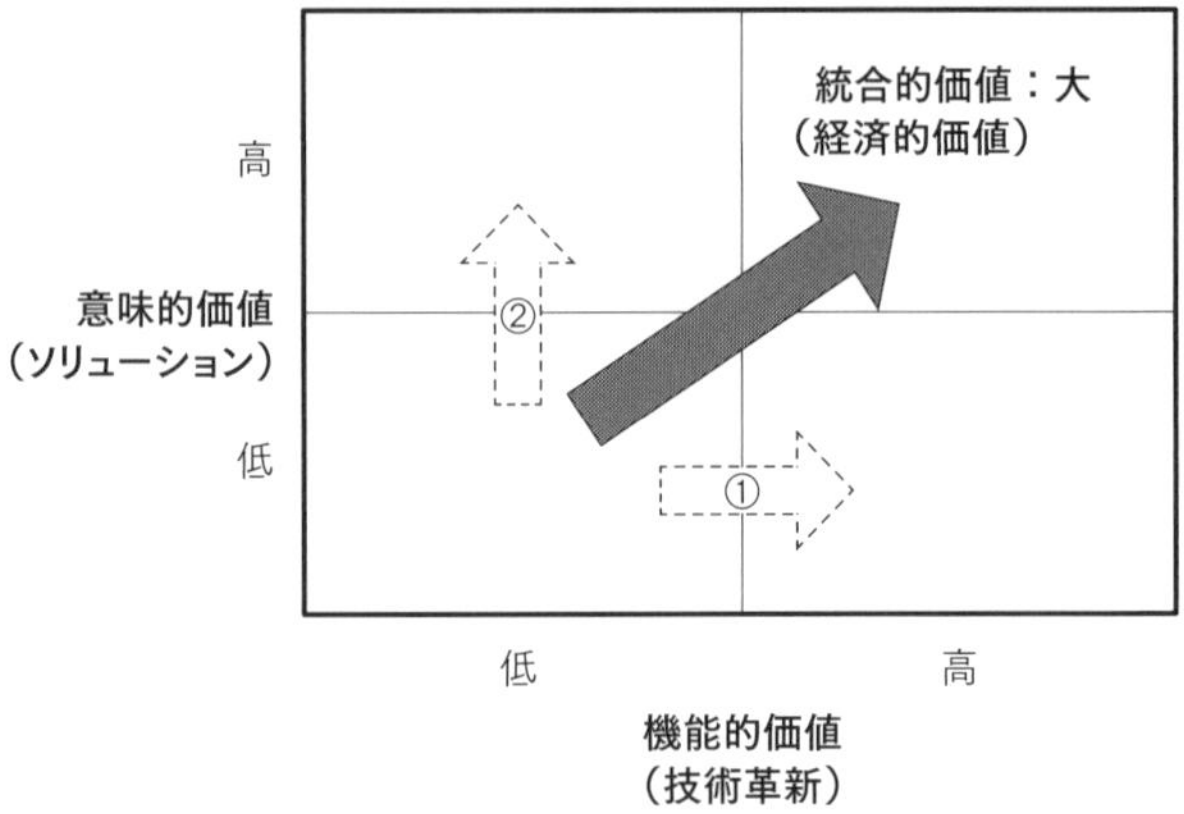

（出所）筆者作成

　そのために、商品開発担当者は、技術開発をする際に、技術革新と連動して顧客企業の経済的価値が高まる可能性を常に調査・検討する。商品企画Ｇと商品開発Ｇが二人三脚で、顧客企業の現場を知り尽くして、なるべく多くの顧客企業に対して、大きな経済的価値が創出できる商品開発を目指す。ある商品開発において機能向上した場合に、それが顧客企業の経済的価値を高める程度は、その商品を使用する企業によってまったく異なるので、顧客の現場を丁寧に観察しなくてはならない。

　例えば、同じ程度のセンサの小型化でも、装着や取り扱いが容易になるといった直接的効果だけなのか、大きいと使えなかった特定の製造工程に組み込むことができて、工程自体が全面的に革新されるのか、これら両事例の間で経済的価値はまったく異なる。後者のような顧客をなるべく多く見つけ出して、それらの現場で最適な商品開発を目指す。

加えて、商品開発の担当者は、商品としての統合的価値を追求すると同時に、営業部隊の強固なソリューション能力を活用して、営業段階でもさらなる相乗効果が発揮されやすい商品を目標とする。商品開発と営業が協働して、顧客企業が享受する経済的価値の最大化を目指す。

まず営業担当者は、新しい技術や機能が開発・導入された場合に、顧客企業へ大きな経済的価値が提案できるように、常に調査して準備している。技術革新によって実現される新機能、小型化、使いやすさなどを最大限に活用して、顧客企業の経済的価値が大きく高まる顧客企業とソリューションを絶えず探索している。

一方で、商品開発担当者は、営業担当者が工夫してうまく提案すれば、顧客企業の経済的価値が大きく向上する商品機能を重視する。同時に、営業担当者が、特定の顧客企業だけでなく、より広範囲の顧客企業へ大きい価値を提案できる柔軟性の高い商品を目指す。

キーエンスの営業担当者の能力が高いので、一般的な企業であれば、顧客企業にうまく提案できないような高度で複雑な機能でも、高い顧客価値に結びつけることができる。だからこそ、商品開発においても、営業のソリューション能力を活用する配慮が大きな効果を生む。

結果的に、新商品の機能的価値が高まると、それに伴って相乗効果的に営業が提案するソリューションの価値も高まる。技術を顧客価値に直接的に対応させる以上に、レバレッジ効果（＝てこ作用）を発揮させて倍化させる。

営業やソリューション能力の高さが誇張される場合が多いが、新商品開発において技術的な革新がまったくないなかで、図表4－6に示す矢印②のように、無理にソリューション価値だけを創出することは少ない。近年、技術力が大幅に強化されるなかで、常に、それを活用した相乗効果を目指す。

このような方針によって、新技術開発が大きな経済的価値に結びつくと、その財務的な成果をさらなる新技術開発に投資することができる。製造企業としては、そのような好循環が最重要な課題である。

企業の商品開発担当者は、研究者（Scientist）ではなく商品開発する技術者（Engineer）なのだから、顧客価値の最大化を目標にするのが当然のことだが、多くの企業ではできていない。キーエンスの商品開発担当者は、最難関大学の技術系大学院出身者が多いが、それでも決して技術者と呼ばないこだわりが理解できる。技術は目標達成の手段にしかすぎない。

ここでも、営業と商品開発が同じ目標に向かっている点が重要だ。多くの企業では、長期的視点が必要な技術・商品開発と、短期的な数字にこだわる営業との間に、目標設定においても差異があって当然だと考えられている。それをまったく感じさせないのが、キーエンスの強みである。「優れた商品」を目指す技術・商品開発と、顧客ニーズに合わせて「多くを販売」したい営業という違いではなく、社員全員が顧客企業の利益向上を目指している。

6 新商品開発の組織——商品開発グループ・商品企画グループ

新商品開発は、商品開発Gと商品企画Gが一緒になって取り組む。開発プロセス上は、商品企画Gが商品コンセプトを提案して、商品開発Gが、実際に設計開発を実施する。しかし、実際には、商品開発のすべてのプロセスにおいて、両組織が協働して取り組んでいると理解した方がよい。

両組織の担当者はともに、顧客価値も商品技術に関しても豊富な知識がある。ただし、程度の違いとして、商品企画担当者は、営業や販売促進Gの出身者も少なくなく、市場や顧客企業により詳しい。顧客価値を最大化するための商品企画なので、その役割を果たすためにも、顧客企業の詳しい知識が必須である。一方で、商品開発Gは、ほとんど全員が技術系のバックグラウンドを持ち、最先端の技術により詳しいのは言うまでもない。

組織プロセスとしては、商品企画Gが商品概要、ターゲット顧客、採算性などを含めた企画を提案する。加えて、企画提案だけでなく、商品開発を終了し市場導入するまで、商品開発G

と一緒にプロジェクトを推進する。

①商品開発グループ

各事業部の新商品開発を担当する部門が商品開発Ｇである。この部門をまとめるのが商品開発グループ責任者だ。この役職についても、名刺には「商品開発グループ長」と書かれているが、社内では商品開発グループ責任者と呼ばれる。事業部別なので責任者は９名いる。

商品開発グループ責任者は、様々な商品開発に向けて商品開発プロジェクトを設定してマネジメントする。そこでは、プロジェクト別にプロジェクト責任者が任命される。

プロジェクトのメンバーは、ハードとソフトの設計開発担当者である。キーエンスの商品開発プロジェクトの特徴は、まず、筆者が長年多様な企業で調査したなかでも、圧倒的に少人数で構成される点が挙げられる。他の業務と同様に、商品開発についても、極めて能力の高い人材が、必要最小限の人数で、効果的・効率的に業務を進める。

このように、技術の専門性ではなく、商品開発プロジェクトを志向した組織だ。まずは９つの事業部別に商品分野で分かれ、さらには、事業部内でも基本的には電気、光学、構造、ソフトといった専門機能別ではなく、商品開発プロジェクト別の活動が中心である。

プロジェクトが少人数でもあるので、入社数年でも、ある開発パート、例えば、商品を構成する特定の機能分野や部品システムなどの開発を任される。任せることで人は育つという人事育成方針を実践している。困ったときには、ＯＪＴによる育成担当者を中心に、プロジェクト・メンバーや先輩が、丁寧にアドバイスをしてくれる。このやり方で、主体性を持った開発担当者が早期に育成されていく。

プロジェクト内では、多様な技術領域を学習することができる。また、若い間にハードとソフトの両方を経験する。この点からも、自分の技術領域だけでなく、優れた商品開発担当者として、急速に成長する。

商品開発の担当者も、顧客企業の知識を多く学習する必要がある。様々な機会を活用して、顧客企業を訪問して、顧客の具体的な業務プロセスや困りごとなどを最大限学ぶ。加えて、本社の同じフロアで、顧客企業の現場を熟知している販売促進Ｇのメンバーから多くを学ぶこともできる。さらには、一緒に商品開発に取り組む商品企画Ｇは以下で説明するように、市場や顧客企業の情報にも詳しい。なお、商品開発プロセスのなかで、顧客企業の知識を学習する具体的なプロセスについては、第６章で商品開発プロセスの一環として詳しく説明する。

②商品企画グループ

商品開発の視点から、より革新性や顧客価値の高い商品の可能性を調査・検討し続けるのが、商品企画Gである。販売促進Gが販売において担う役割と同様に、商品企画Gの役割は商品開発において、顧客価値の最大化を戦略的・創造的に考えることだ。

商品企画Gには、商品技術全般と顧客へのソリューション提案の両方に詳しくて、それらを統合的価値として新商品にまとめる構想力が必要である。様々な業界において、顧客になる可能性がある企業の業務プロセスに詳しく、商品戦略構築に長けている人材だ。さらには、新商品を発想するクリエイティビティも必要だ。キーエンスのなかでも、特にそのような商品企画能力の高い人材が任命される。

なお、人数も含めて詳しい情報は、機密事項なので書けないが、大きな組織ではない。各事業部の商品企画Gには最大でも10人以下しかいない。

このように商品企画Gは、一般企業の視点からは、エリートのポジションに見えるかもしれない。しかし、キーエンスでは、この位置づけも、能力の高低ではなく、役割分担にすぎないと説明する。商品企画Gに抜擢される人材も、上の立場ということではなく、商品企画の役割を果たすのに適した人材だということである。

エリートかどうかよりも、キーエンスの特徴として重要なのは、個人の資質だけに頼るのではなく、そのような人材が育つインフラが充実している点だ。すべての機能部門（営業、販売促進G、商品開発G）が、顧客企業の利益向上を通した付加価値の最大化を目指しているので、そのなかで、際立った商品企画を構想できる人材が自然に育成される。

ここで興味深い点は、商品企画Ｇは、商品開発の戦略部隊でありながら、抜擢される人材の半分程度が大学では文系専攻で、営業（および販売促進Ｇ）の出身者が多い点だ。しかも、過去を振り返っても、優れた商品企画担当者には営業・販売促進出身者が多かったという。

優れた営業担当者は日々顧客企業が抱える問題を解決し、より効率的なやり方を提案する。そのために、多様な顧客企業に関する深い知識とソリューション提案能力を持ち合わせている。

また、キーエンスの営業だからこそ、事業部内の商品と技術に関して入社後、徹底的に学習している。自分で強度解析したり設計図面を作成したりはできないというだけで、商品技術に関して、技術系でなくてもよく理解している。そのため、商品企画として選ばれても、技術に関する能力や知識の点で特段の問題はない。

このように、優れた営業担当者は、必然的に、商品企画として必要な能力を備えていることになる。

一方でもちろん、商品開発出身で技術に詳しい商品企画担当者もいる。革新的技術のアイデアから新商品を発想することに適しているだろう。そのようなキャリアを歩む人材は、前述のように、ＣＤＰ制度（Career Development Program）を利用して、半年間程度、販売促進Ｇを経験する場合が多い。

一般的に言っても、純粋に商品企画が得意な人材を考えた場合、技術者である必要はないだろう。少し突飛な例だが、アップルのスティーブ・ジョブズやバルミューダの寺尾玄は、優れた商品企画の能力を誇るが、両人ともに技術の専門的な教育は受けていない。

商品企画に必要とされる技術的知識を学習するのに、特定技術の深い専門知識は必ずしも必要とされない。逆に、真の顧客価値を純粋に探求するためには、特定の技術分野に偏った知識は邪魔になる可能性もある。

ただし、技術の基本や最新技術動向の知識は必要だ。特に、新技術と顧客価値に関する将来の可能性を評価する能力は求められる。スティーブ・ジョブズがパロアルト研究所でマウスの試作機を見て、すぐに採用を決定したようなセンスだ。

商品開発に関わる部門・業務だから、商品企画も慣習に従って技術系人材から選ぶというのは、不必要に選抜する範囲を狭めることになる。商品企画が重要だからこそ、本当に優秀な人材を選抜するためには、間口が広い方がよい。

製造業を専門とする一流の戦略コンサルタントにも、文系（経済・法など）と理系（工・理）の両方のバックグラウンドの人材がいる。製造業の商品・技術戦略でも高度になれば、文系・理系は関係なく、戦略・企画の構想立案に優れた人材が活躍する。

7 商品開発と営業によるＳＥＤＡモデルの実現

前章の理論解説編（図表３−６）で説明したように、ＳＥＤＡモデル（サイエンス・エンジニアリング・デザイン・アート）の全体を、統合的に活用したイノベーションが求められている。

キーエンスの商品は、商品開発Ｇと商品企画Ｇ、および営業部隊が一丸となって、まさにＳＥＤＡモデルの全体をカバーする。特に、商品開発と営業部隊が協働して、ＳＥＤＡモデルでは左側の機能的価値（サイエンス／エンジニアリング）と右側の意味的価値（デザイン／アート）の間で相乗効果を創出する点は説明してきた。

機能的価値創出に関して、近年は特に、エンジニアリングだけでなく、応用技術開発としてのサイエンス分野も強化されている。商品に関係のない基礎研究は行わないが、「世界初」の革新技術の導入も多く、研究開発分野でも、際立った競争力を発揮している。なお、キーエンスの語源はKey of Science（サイエンスの鍵）なので、こだわりはあるはずだ。

意味的価値に相当するＳＥＤＡモデルの右側のデザインとアートは、キーエンスの強みを象徴する領域だ。まず、デザイン領域については、営業部隊と販売促進Ｇが高いコンサルティング能力によって、他社にできないレベルで、商品の活用方法などのソリューション価値を創出し提案する。加えて、ここまで説明してきたように、商品開発でも新機能開発に加えて顧客にとっての使いやすさ（ユーザビリティ）や小型化で、際立った生産性向上をもたらす商品を開発する。また、シンプルで機能美にあふれる意匠デザインも顧客からの評価が高い。

最後にアート領域は、キーエンスが顕著に優れている分野だ。特に、第6章で具体的に説明するが、アート思考の商品開発によって、顧客企業の想定を大きく超えたまったく新しいコンセプトの商品を次々に開発してきた。この領域で力を発揮するのが、そのような革新的な商品を常に専門的かつ抜本的に検討している商品企画Gである。商品企画Gと商品開発Gが一体となって、顧客企業の具体的なニーズや困りごとを超えた革新的なソリューションを提供する。

また、営業部隊も販売促進Gのサポートを得て、顧客企業の担当者がまったく気づいていないような、生産性向上の方策を頻繁に提案する。営業のソリューション提案についても、アート思考の領域までカバーしている。

8 本社機能――小さい本社

最後に、本社の組織だが、最大の特徴は、小さい本社という点だ。9つの事業部、それぞれが、極めて高い収益性を誇る専門性が高い中小企業のような組織で、それに付随する本社機能は限定されている。

全社的に目指すべき経営方針や、事業部組織の仕組みは、既に構築され、長年にわたり各事業部はそれをうまく実行している。現在、全社の経営戦略を大きく変革する理由はない。

現在の9事業部に関して、新事業の追加や撤退などに関わる戦略も、全社的に長期戦略として決めるというよりも、基本的には、自然に発展・進化する仕組みになっている。この点は、以下で「進化的ポートフォリオ戦略」と名づけた。そのため、本社には強力な戦略部門は必要ない。これらの点も含めて、具体的に説明する。

①本社の管理部門――財務、人事、広報など

本社に設置されている、通常の管理部門から説明しよう。

まずは、一般企業と同様の本社スタッフ部門として、財務・会計部門、情報システム部門、人事部門がある。

財務業務や情報システムは事業部だけではなく、全社的にまとめる必要があるので、当然本社部門が必要である。次に、人事部門も本社機能である。事業部に重要な機能はすべて委譲されているなかで、採用業務は、全社的に行っている。ここまで説明してきた経営方針は、すべ

ての事業部で共通であり、当然それに付随する、求められる人材像に関しても共通である。そのため、事業部別に行う意味はない。

次に、全社的な、広報やＩＲ活動などを一つにまとめた部門がある。事業部の価値創造に直接貢献しない業務は、広報活動なども含めて本社で一括して対応する。ただし、個々の事業として重要な商品別の宣伝などは、事業部別に販売促進Ｇが行う。

それ以外に重要なのは、９つの事業部を横断的に管理・調整する部門である。ただし、経営的な意思決定や運営に関しては各事業部が中心なので、本社の管理部門がそれらを強力に直接、全社戦略として統括・管理することはない。

営業・マーケティング関係で事業部間調整が必要な場合には、国内は主に「事業推進部」、海外は「海外事業強化部」が担当する。例えば、営業所の管理など事業部を超えた仕組み・ルールの展開や全社的な宣伝活動などである。

同様に、商品・技術開発に関連した本社部門としては、「開発推進部」があるが、事業部を横断した標準化などの調整・管理的な業務が主体である。

このように、全社戦略は重視していないので、本社部門の役割としても、戦略的というよりは組織ルールなどに関する管理的な調整が主体である。本社部門として、各事業部をまとめた全社戦略を検討したり、各事業部の方向性に関する指示を出したりということはない。

②生産技術と購買

生産技術と購買の機能も、事業部別でなく、本社機能に位置づけられる。キーエンスは、工場を持たないファブレスだが、生産技術には力を入れている。主要な製造委託先の工場については、生産技術開発や品質管理を、キーエンスが先導して行う。この点について、簡単に説明しよう。

一般的に、製造委託のやり方には2種類ある。一つは、生産技術も含めて「丸投げ」して、製造アウトプットを得ることだけを目的にした製造委託。もう一つは、委託先の工場設備と作業者の労働力を借りるが、重要な生産技術や品質管理は、自社で先導するやり方だ。どちらが良いかというよりも、生産委託する目的に応じて選択する。

キーエンスは後者である。比較的、早い段階から、ファブレス企業で有名になった。そのため、筆者が優れた製造企業の事例として説明すると、「ファブレスなので厳密な意味で製造企業ではないのではないか」との批判を受けたこともあった。しかし、実際には、生産技術や製造を、一般の製造企業以上に重視している。製造技術や生産企画、品質管理の担当者も多く抱え、高度な生産管理スキルを誇る。

世界初の技術を使った商品や、超小型センサなど量産が困難な商品が多い。独自の製造技術開発能力が必須である。

また、第2章で説明した通り、創業以来、当日出荷の方針を遵守している。そのためには、複数の製造委託先工場をまとめた高度で厳密な在庫管理が求められる。この点からも、生産計画・管理能力を重視して常に強化している。

なお、一部の機密性が重要で、高度なノウハウが必要な商品の製造や製造装置設計については、キーエンスの子会社（キーエンスエンジニアリング株式会社）が担当している。

このような生産技術開発を重視した製造委託の戦略は、アップルと類似した部分が多い。アップルも、長年にわたり、生産技術には徹底的にこだわり、毎年2兆円近い設備投資を続けてきた。重要な製造技術・設備は内部検討のうえ、自主購入し、主要な委託先であるフォックスコン等に貸し出していた。

例えば、デザインの美しさを象徴するアルミを切削加工する革新的な「ユニボディ」に関しても、生産技術の設計検討から、ファナックの「ロボドリル」などの製造設備の購入まで、アップルが主導して実施してきた（延岡、２０２１）。

アップルもキーエンスも、生産技術を重視した製造企業にもかかわらず、ファブレスの烙印を押され、誤解される傾向にある点も似ている。

製造委託に関しては、複数事業部をまたがって本社機能としてマネジメントされる。生産技術を構想・開発する場合にも、事業部を超えた視点が求められる。

次に、ファブレスではあるが、購買も重視している。ほとんどの部品や材料は、購買プロセスを製造委託先に任せるのではなく、キーエンスが行う。商品に使う部材は、技術や品質面も重要なので、独自に検討して調達する。また、革新的な技術が必要な場合には、優れた部品企業と共同で開発する場合もある。

加えて、製造委託企業が別々に部材を購入するよりも、一括購入した方が、量産効果が出やすいメリットもある。このような理由から、生産技術開発と同様に、購買も重要な本社機能になっている。

③全社・長期戦略（中期経営計画）は必要なし

本社機能として、設定されている部門を簡単に説明したが、一般の日本企業では通常設置されている経営企画または経営戦略の部門がない。さらには、多くの企業で見られる「中期経営計画」は作成しない。

この方針は、創業以来一貫して変更はない。全社的な、いわゆる中長期戦略がなくても、30年間以上にわたり、売り上げと利益の両面において、驚異的な業績を持続しつつ急成長を遂げてきた。

なぜ中長期戦略を必要としないのだろうか。一般的に、中長期戦略の目的は、第一に、将来的な経営ビジョンと戦略の明確化、および売り上げや利益の数値目標設定、第二に、それに関連した、事業ポートフォリオの組み替えや組織変革であろう。

1点目の将来の経営ビジョンとしての戦略構想や中核能力・強みに関しては、既に確固たる戦略基盤が構築され実行されているので、定期的に改訂する必要はない。

キーエンスが掲げる具体的な戦略ビジョンでは、事業ドメインが明確にされている各事業部で、商品開発と営業が一体となって、大きな顧客価値（ソリューションによる利益増加）を創出・提供することを最優先する。そこでは、独自の強力な商品企画・開発力、および直接販売とコンサルティング営業力が重要な役割を果たす。この戦略によって、最小の資本と人で、付加価値の最大化を実現する。

この経営方針は、創業以来半世紀近くにわたり、基本的に変更はない。業績としても、成功が続いているし、将来的にも具体的なリスクは想定できないので、この点からも変更の必要はない。加えて、この経営方針が時代遅れになるどころか、生産財企業としては現在でも理想的であり、最先端を走っていると言っても過言ではない。

さらには、この戦略には、ソリューション提案能力が日々高め続けられる学習の仕組みが組み込まれている。そのため、以前から高収益を実現していた強力な収益力が強化され続けてきた。将来的にも、競争力が継続して向上する可能性は高い。

これらを考え合わせると、これまでに全社の中長期戦略として、経営方針を改めて定義しなおす必要はなかったと考えるのが自然だろう。加えて、今後も近い将来には、基本的な経営方針の変更が必要だとは考えられない。

また、この大きな戦略的な枠組みのなかで、中長期的に構築すべき必要な強みや技術があれば、事業部内で検討できる。事業部内では、もちろん、事業部責任者を中心に販売促進Gと商品企画Gも一緒になって常に熟考・検討している。

数年後の売り上げや利益の目標を立てないのも、その意味がほとんどないと考えているからだ。常に付加価値の最大化を目指すのみである。その結果として、売り上げや利益が決まるだけだ。形式的に中長期的な数字の目標を立てて無理矢理にそれを達成するという考え方はない。

プロ野球選手が、今年の目標は10勝とか打率3割と言っても、目標を立てること自体が、実際の成績を左右することはないのと似ているかもしれない。日々、正しい取り組み方で、精一杯努力して実行した積み重ねが、長期的にも大きな結果に結びつく。逆に、中長期の目標を数字で設定しただけで、実際に実行できそうだと錯覚して、満足している企業が少なくない。

加えて、キーエンスの信念として、経営環境は、常に変化し続けるし、将来を予測することはできないとも考えている。商品や組織なども、環境変化に合わせて、常に変わる準備をしている。その意味でも、長期的な目標を数字で立てることは良くないと考えている。

④進化的ポートフォリオ戦略

中長期戦略のもう一つ重要な役割として、新規事業分野への参入や、事業の組み替えなどの検討や意思決定がある。キーエンスでは、それを本社で「中長期戦略」に依拠して議論・決定しなくてもよい仕組みができている。

過去20年間だけでも、売り上げは数倍になり、新事業はいくつか追加されてきた。しかし、これらの変化は、全社の中長期的な戦略を先に決めて意思決定されたというよりも、各事業部が周辺事業も含めて、将来の自社と顧客や社会状況を考えつつ、大きな付加価値の可能性を探求するなかで、自然に増えたと言った方が正しい。ポートフォリオの戦略的な革新というよりも、進化的な成長である。

例えば、創業後比較的に早期に追加されたＰＬＣ（プログラマブル・ロジック・コントローラ）事業にしても、センサ事業の高付加価値化を広範かつ柔軟に検討した結果である。ＦＡでセンサを使った場合には、その測定結果に応じて、前後工程も含めた自動化をすれば、生産性向上に貢献することが明らかである。例えば、センサで検知された不良品をＰＬＣで制御して自動的に排出できれば、センサがもたらす付加価値は倍増する。

比較的に新しく追加されたメトロロジ事業部が取り扱う画像寸法測定器も、既存事業部のマイクロスコープや光学顕微鏡に関連して、顧客価値が高い商品として開発された。画像寸法測定器を活用して複雑な対象物の測定が短時間で可能になれば、多くの顧客企業の人員・コスト削減に結びつくことが判明したのだ。

近年新規事業として追加された「３Ｄプリンタ事業」は、元来、インクジェットやレーザで印字をするマーキング機器関連のなかで、付加価値の高い商品として開発された。顧客企業の生産性・品質向上に関してより大きい顧客価値を生み出す新商品を、各事業部内で探索する活動の結果にすぎないのである。

このように、新規事業として、ＰＬＣ事業から始まり、画像寸法測定器事業や３Ｄプリンタ事業も、付加価値（顧客企業の経済的効果とそれに応じた費用対効果）の高い関連商品を探索するなかから、自然に追加展開されている。進化的なポートフォリオ戦略と呼べるだろう。一般製造企業で見られるように、先に長期的戦略の方向性を決めて、ＸＸ年後に新規に○○事業を立ち上げるという戦略を立てたわけではないのだ。

このような戦略で重要なのは、全社の長期的戦略というよりも、事業部が取り扱う商品の付加価値を向上させる方策の探索姿勢である。各事業部において、顧客価値の増大を広範な範囲で柔軟かつ戦略的に考える必要がある。各事業部には、そのような能力を備えた人材が、事業部責任者および商品企画Ｇを中心として登用されている。

このようなアプローチは、筆者が以前に調査した３Ｍのコア技術戦略（特定の技術分野を企業のコアコンピタンスにする戦略）に似ている（延岡、２００６）。50近くある全社的なコア技術を、毎年のように少しずつ戦略的に増減させる。これについても、事前に長期戦略を立てて、無理やりにでも、特定のコア技術分野を増やすというよりも、現在の事業や技術の発展形として進化する。

例えば、既存のコア技術を活用した様々な商品開発を実施していると、画像解析のソフトウェアを使う機会が多いことに気づいた。そこで、画像・動画などをＡＩ（人工知能）で解析する「コンピュータ・ビジョン技術」を新しいコア技術として追加することを検討したのである。

戦略がうまく実行され成功している企業は、いわゆる「長期的戦略」を無理に構築する必要性が低い。逆に、長期的戦略のなかで、何年後かに新たな事業へ進出することを決めても、それが成功する可能性に関しては不確実性が高い。

いわゆる長期戦略を、先見性を持って構築することが必須だと考える企業が多いが、異なった考え方やアプローチも検討すべきだろう。３Ｍやキーエンスは、既存の事業と技術を発展させる形で何十年間も長期的な繁栄を続けている。また、藤本（１９９７）が、トヨタ自動車の成功要因として、進化能力を強調したように、トヨタ自動車も１９７０年代から50年間近くは、同様な戦略で大きな発展を遂げてきた。

そもそも、一般的な企業で、慣習的に何年かに一度、形式的にまとめる中期経営計画が、実際に、どれだけ長期的な成功に貢献しているのか検証が必要だろう。経営戦略部門や中期経営計画が、形式的に存在しているだけで、あまり重要な貢献をしていない企業も多いのかもしれない。

全社的な調整も必要とされる中期経営計画は、多大な工数を必要とする。そうであれば、結果的に、費用対効果に見合わない事例が多いであろう。キーエンスでは、慣習や常識を超えて、ゼロベースで考え抜くことが、常に求められている。業界の常識や形式にこだわらず本質だけを追求する会社なのである。

第5章

顧客価値イノベーションを支えるソリューション部隊

前章では、組織構造と仕組みについて説明した。次の2章（第5章と第6章）では、日々実施している実際の経営プロセスを、事例も交えながら具体的に見ていこう。本章が営業・マーケティング、次章では新商品開発に焦点を当てる。

生産財企業としては、顧客企業の生産性・利益を高める提案を、明示的に目標に掲げることが当然必要にもかかわらず、できている企業は極めて少ない。本章では、営業を中心としたソリューション部隊に焦点を当てて、なぜ、キーエンスがうまくできているのかを説明する。

1　真の顧客価値の探求――高い経済的価値と費用対効果

①顧客企業の利益増大を目標としたプロセス

ユーザーニーズ重視や顧客起点の経営などの掛け声はどの企業でも耳にするが、ほとんどの場合は抽象的すぎる。単に顧客企業や販売代理店の声を聞いたり、大規模な市場調査を実施したりして、その結果を商品開発や営業の参考にする程度である。その実施方法や、反映方法に一貫性がなく、結果的には、商品の収益性を大幅に向上させることができていない。

しかも、顧客・市場分析の結果を受動的に解釈し、そこで得られた顧客ニーズに合わせた商品がうまく提供できたとしても、販売を多少増やす程度で、大きな利益に結びつけるのは難しい。近年では、すぐに過当競争に巻き込まれる場合が多い。これは、新商品開発と営業・マーケティングの両方に共通した問題点である。

一方で、キーエンスでは、すべての社員が、日々の業務のなかで常に「顧客企業の利益を大きく高める商品・ソリューション」を探求し続けている。顧客企業が、自社の商品を活用して、どのように製造や開発のプロセスを変更すれば生産性・利益向上ができるのかを、常に検討する。

そのソリューション提案の内容は、顧客ニーズや困りごとに受動的に対応するだけではない。キーエンスの担当者が多数の顧客企業の現場を学習しつつ、ソリューション構築の専門性を高め、その知識と能力を活用することによって、顧客ニーズを超えた提案を目指す。

顧客企業の利益向上に関する効果は、人員の削減や時間の短縮などで把握できる。そのため、顧客の製造工程や開発業務に関する詳しい情報・知識があれば、大まかには明示できる目標である。そこで、日々、達成レベルを評価しながら業務に反映させることができる。

加えて、顧客企業は通常、費用対効果で支払う価格を決めるので、購入してくれる金額によっても、顧客企業の利益向上度合いが推察できる。

顧客企業の利益や生産性を実際に大きく高める商品と、単純に顧客企業が欲しいと考える商品は異なる場合が多い。商品開発や販売する際に、なるべく多くの顧客企業が購入したい商品

（ニーズのある商品）を検討する点は、一般企業と同じだが、キーエンスがそれ以上に重視するのが、個々の顧客企業にとっての経済的価値の大きさである。

そのため、莫大な販売が期待できるだけでは、市場参入や販売をすることはない。多くの顧客企業にとって経済的効果が大きい商品を目指す。

具体的には、顧客が欲しい商品をそのまま提供するのではなく、まずは、購入を検討している商品（センサなど）に関係する業務プロセス全体とその最終的な目的を教えてもらう。その内容をもとに、蓄積したコンサルティング営業能力を活用することによって、顧客が欲しいと思った商品以上に、生産性向上やコスト削減によって顧客の利益が高まる商品を提案する。それが結果的には、顧客企業にとっても、最も有益な商品・ソリューションになる。

顧客企業の費用対効果の最大化は、生産財企業としては、当然、最重視すべき目標だ。それが一般の企業では、なぜ、できていないのか。最大の阻害要因は、顧客企業の経済的効果が目標として明示的に設定できるほど、顧客企業の現場の知識を持ち合わせていない点だ。目標として設定もできていないのだから、当然、結果としても、顧客企業の利益増加には十分に貢献できない場合が多い。そのため、キーエンスのような業績を上げることができない。

②顧客企業の費用対効果

顧客企業の利益増加を提案するためには、大きい費用対効果をなるべく具体的に明示しなくてはならない。

営業担当者であれば、当然、新入社員教育から、費用対効果の概算や提案のやり方についての教育を受ける。例えば、ある特定顧客の現場で、必要人員が5人から3人に減るとか、所要時間が5時間から3時間に短縮される場合の、費用対効果の計算と提案の出し方を学習する。

提案する場合には、顧客にわかりやすいストーリー展開が重要だ。基本的には、顧客企業の社内で、購入が了承されるストーリーと同じであるべきだ。例えば「100万円の価格だが、様々な要因をすべて計算すると200万円のコスト削減になるので購入すべき」といった内容を具体的にわかりやすく説明する。同じ説明が、顧客企業の内部における購入プロセスでも通用するはずだ。

顧客企業も常に費用対効果の高い投資や購買を心がけている。その意思決定プロセスを代替して、提案していると言ってもよい。購入しなければ、顧客企業にとって、逆に損失になる商品の提案だ。営業活動を頑張って、多少無理にでも、何とか購入してもらおうとする考え方ややり方とはまったく異なる。

近年は、キーエンスの商品をリース販売する機会が増えているが、その場合には、費用対効果の計算や、顧客の理解も比較的に容易になる。毎月のリース料と毎月のコスト削減の比較になり、単純化され顧客にとってもわかりやすい。

顧客企業が享受できる費用対効果は、個々の企業の現場環境や使い方でまったく異なる。この点は、既に第2章でセンサを事例に説明したが、ここでは、複雑な立体対象物の様々な箇所の測定が極めて容易になった「画像寸法測定器」の例で、簡単に復習しよう。

例えば、その画像寸法測定器によって、毎日5時間かかっていた何十カ所かの寸法測定作業が4時間短縮されて、1時間でできる場合を考えよう。

まず、その作業者の時給の違いだけで、4時間の短縮の価値はまったく違う。時給が２０００円なのか６０００円なのかで、価値は3倍違う。次に、使用頻度でも、まったく異なる。毎月、10回測定するのか、１００回測定するのかで、毎月のコスト削減の程度が10倍違う。

また、その作業が全体のプロセスのなかでのボトルネックかどうかでも価値は変わる。ボトルネックであれば、プロセス全体の効率アップになるが、そうでなければ貢献は小さい。

さらに根本的には、例えば、顧客企業が製造している部品の価値が１００円なのか10万円なのかで、寸法測定による問題発見の価値はまったく異なるのは当然だ。10万円であれば、不良品一つ出すだけで大きな損失になる。

このように、顧客企業における使用実態に応じた、実際の生産性向上やコスト削減への貢献度合いをよく理解していなければ、適切なソリューション営業はできない。

次に、キーエンスの商品が顧客企業の商品開発で使用される場合を考えよう。まずは、顧客企業の商品開発プロセスの全体を知り尽くす必要がある。そこで例えば、商品開発のなかで、設計の問題発見が後回しにされて、商品開発が遅れている問題を見つける。この場合でも、商品開発が遅れることによる経費上昇の理由と金額を、概略でも把握しておく必要がある。顧客によって商品開発遅延がもたらす損失額は異なる。

そうすれば、３Ｄプリンタによる簡易的な試作や、それをマイクロスコープで迅速に精度を確認するなどで、問題を早期発見した場合の、顧客にとっての経済的価値が提案できる。例えば、次のような提案である。

「商品開発のこの段階で試作をして、マイクロスコープで設計に問題がないか確認できれば、開発スケジュールが遅れることはなく、１００万円の経費節減になりますよ。このマイクロスコープは２００万円ですが、すぐに元が取れます」

このように顧客企業が実際に享受できる経済的価値の大きさを理解して、それを最大化できる商品を開発し、より大きな価値が提案できる顧客企業へコンサルティング営業を実施するべきだとするロジックは明白だ。しかし、そこまで多くの顧客企業における経済的な効果を理解して、その価値を一層高めるための商品開発や営業を実施している企業は多くない。

他の生産財企業も、当然、キーエンスのように顧客企業の使い方を丁寧に学習すべきである。しかし、多くの顧客企業の業務プロセスや使い方を、歩き回って丁寧に調べるためには、多大な時間とコストが必要とされる。加えて、顧客企業から実情を聞き出すスキルという点でも簡単ではない。

このように顧客企業を詳しく学習するためには長期間を必要とする。だからこそ、なるべく早期に、徐々にでも、顧客企業の現場を知る努力を始めるべきだろう。困難さに圧倒されて諦めるのが、最悪である。

③全方位から生産性向上の探索・提案

キーエンスの営業は、個別商品の販売だけを目標にはしない。顧客企業へ、商品開発業務や製造工程の全体から、生産性向上の提案ができるように努力する。そのためには、顧客の要望や困りごとだけではなく、顧客企業の業務プロセスと達成したい目標などをすべて知ることが求められる。

顧客企業にとって重要なのは、業務全体における最適化なので、キーエンスもできる限り、広い範囲で検討することを心がける。この点も、顧客ニーズを超えた、高い費用対効果のソリューションを提案できる理由の一つである。

具体的に、加工部品の不良品を検知するセンサの事例で説明しよう。ある顧客企業が、加工した部品の高さなど形状にバラツキがあるので、不良品を検知したいと要望した事例だ。キーエンスとしては、その販売だけが目的ではなく、それに関わるオペレーション全体の生産性や品質の向上を目指さなくてはならない。

そのため、その前工程と後工程を含めて、全体のプロセスを知る必要がある。例えば、次のような項目である。

- 不良品が検知されたら、その部品の処置はどうするのか
- 再発防止のため、不良品が出現するパターンなどの分析が必要なのではないか
- 形状だけが不良品の問題ではなく、傷の問題もありそうだが、どうなのか

キーエンスの営業は、新入社員のときから、常に、このように広い範囲で、業務・工程のプロセスや問題点のすべてを顧客に質問して学ぶことを教育されている。結果的に、同じような業務や工程を多くの顧客企業から学習することになり、専門的な知識が蓄積される。学習が進めば、さらに有用で重要な質問ができるようになるという好循環を生む。

このような多くの顧客企業の業務や製造工程を学習することに加えて、自社商品（センサなど）の使い方については、専門知識が豊富なので、両方を統合して考えれば、顧客企業が気づいていない提案が可能になるのだ。

この事例では、具体的に次のような提案をすることができる。

「不良品を自動的に排出したいのであれば、ＰＬＣでアクチュエータを駆動させ、エアシリンダで弾き出すこともできる」「加工した表面の傷の問題も生じているようなので、変位センサに画像センサを組み合わせると、不良品の問題が同時に解決できる」「不良品の現状把握や発生防止のためには、マイクロスコープで観察・解析するとともに、ＰＬＣでデータを収集して原因分析をすればよい」

一方、顧客企業の担当者は、ここまで包括的には考えていない場合が多い。特に、若手の担当者だと役割分担が限定されているので、自分の業務範囲しか詳しくない。そのため、キーエンスの営業担当者は、顧客企業の担当者が考える具体的なニーズ・要望を超えた提案が可能になるのだ。

このような提案のおかげで、顧客企業としては、期待以上の生産性や品質の向上と、利益向上・コスト削減の恩恵を享受できる。一方、キーエンスとしては、これらの提案が、多様な商品の販売に結びつき、さらなる付加価値向上に結びつく。この事例であれば、ＰＬＣや画像センサの担当者と一緒になって、統合的なソリューションを提案できる。

顧客企業は、キーエンスから再々、このような経費削減に結びつく優れた提案を受けると、次の機会にも相談しようという信頼が生まれる。そのような関係構築も強みの一つである。

2 営業のソリューション提案能力構築

企業全体として、費用対効果を中心としたソリューション提案を目指している点を説明してきた。次に、それを実際に実現している具体的なプロセスを見てみよう。特に、提案能力を構築する学習プロセスに焦点を当てる。

なお再度確認だが、本章では、営業担当者が最も顧客との接点が頻繁なので、営業の視点から顧客企業の知識を獲得するプロセスを説明している。しかし、顧客企業との関係性、つまり、何を顧客企業の現場で学習して、どのような経済的価値を提供するのか、に関する基本的な考え方は、商品開発も含めてキーエンス全体にわたり共通である。

①新入社員の採用と配属（営業担当）

一般的な職務については、中途採用はほとんどしないので、基本的には大学を卒業した新卒社員として4月に入社する。

なお、全社員に、キーエンスの経営ビジョンに合致した人材が求められるので、新入社員の採用プロセスも特徴的だ。一般的な企業が慣例的に実施する採用プロセスでも、価値の高くないプロセスは省略する。この点は、経営のすべての領域で同じであり、採用に関しても同様である。

本書で説明するキーエンスの経営方針から考えると、論理的思考能力と柔軟な学習能力、コミュニケーション能力などが必須なので、採用プロセスでは、そこを中心に評価する。逆に、慣例的によく聞かれる質問、「キーエンスの志望動機」「入社後やりたい業務」などは、面接でも、ほとんど重視しない。事前に準備してきた話を聞いてもあまり意味はないと考えているのだろう。

思考能力を評価するためには、採用面接では、日頃考えていないことを急に聞くのが効果的だ。また、相手をうまく説得するコミュニケーション能力も重要だ。それらを合わせた設問設定の一例として「説得面接」がある。キーエンスの実際の事例ではないが、例えば、面接担当者が「私は住居は賃貸が良いと思っているが、そんな私が住居を購入したくなるように説得してください」との設問を出し、その場で回答させる。

特に近年は、キーエンスへの入社は競争率が高くなっている。そのうえ、このような採用プロセスで厳しく評価されるので、思考能力や学習能力の高い人材を採用することができている。

新入社員全員を対象とした集合研修では、４月の比較的早い段階から配属される事業部に分かれて教育を受ける。事業部によって異なるが、通常は５月初旬に、営業担当として全国の営業所に配置される。その後も研修が続く場合もある。例えば、ある事業部では、数カ月間にわたり営業所での研修および集合研修を交互に継続的に実施する。

以下で説明するように、5月に営業所に配属された場合には、1年目の後半からは、自主的な営業活動に入り、早ければ2～3年で基本的なソリューション営業ができるようになる。

②営業活動の開始

各事業部における新入社員教育で、最も重要な内容の一つは、事業部内の商品を知ることだ。表面的な知識ではなく、技術も含めて、使い方や具体的な応用事例なども、徹底的に学習する。

顧客企業へ、専門家として高度なソリューション提案を行うためには、まずは、自社の商品を熟知しなくてはならない。顧客企業へのコンサルティング能力を高めるためには、自社商品と顧客企業の現場の両方の専門家になる必要があるが、この段階で十分に実施できるのが前者の自社商品の学習だ。

新入社員であっても、顧客企業へ営業訪問する最初から、少なくとも自社商品については、何を聞かれても適切に答えられなくてはならない。技術や仕様、使い方などは当然として、簡単な問題が発生した場合の対処法なども、相談されたら回答できるように学習する。顧客企業から、引き続き信頼されて、多くを教えてもらうための出発点としても必要条件である。例えば、既にキーエンスの商品を購入している顧客であれば、「ときどき、こんな問題がある」「もっと簡単に使えないか」などの相談には、その場で満足してもらえる回答ができなくてはならない。また、簡単なソフトウェアや設定の問題であれば自分で解決できるようにする。質問や問題に対して、常に的確な対応をしていると、次からもいろいろと相談されるようになる。様々な顧客企業で信頼されて、いろいろと教えてもらえれば、困りごとの内容やその解決方法などに関して学習が進む。

なお、事業部内の商品に関して専門家になれるくらいに勉強できるのも、事業部組織が適切に設定されているからだ。扱う商品が多すぎたり、活用される対象が多様すぎたりすれば、専門家にはなれない。

研修終了後、営業所に配属されると、事業部を代表するリーダー、機種責任者が上司になる。複数事業部の各機種責任者とは別に、営業所全体の運営をまとめるのが営業所責任者だが、営業担当者の上司という位置づけでもない。前章で説明した通り、営業も事業部としての活動が主体なので、機種責任者の上は、営業所責任者ではなく、エリア・マネージャーが上司となる。

機種責任者のもとで、営業担当者の人数が多い場合には、必要に応じて、5名程度のグループとして組織される。同時に通常は、そのなかから、グループリーダーが任命される。グループのなかで、若い営業担当者の教育や、多くの意見交換が常時行われる。

新入社員は通常、まずはそのグループ内の先輩から、営業の実践面に関して細かい点も含めて多くを教わる。加えて、最初の1カ月～数カ月は、先輩の一人がパーソナルコーチとして、一緒に顧客を訪問する。同時に、電話でのアポイントの取り方から、訪問時の時間配分や説明の仕方などを具体的に教えてもらう。

入社1年目の夏～初秋から、前任者から引き継いだ顧客情報や訪問記録を参照しながら、独自の営業活動を始める。経営方針の一つが「任せることで人は育つ」なので、比較的に早くから独り立ちさせる。前述のように、自社の商品については、新入社員教育から徹底的に学習しているので、最初から、ある程度の有意義な営業活動ができる。

近年は、営業が以前よりも、やりやすくなっている。キーエンスの社名は以前よりも、はるかに知られるようになった。それだけでなく、より多くの顧客企業との間で信頼関係が築かれてきた。過去に、キーエンスの営業に相談したら、生産性の改善に結びつく提案をしてくれたという経験がある顧客企業が増加した。若い営業担当者は、このように先輩のおかげで顧客訪問が年々楽になっているという。

それでも、若手社員が困難に直面した場合には、営業所内で先輩が丁寧にアドバイスする。

キーエンスの強みを担保するのは、助け合い、学び合う文化と仕組みだ。明文化まではされていないが、全員が共有するルールがある。それは、後輩や同僚から、何かを質問されたら、自分の業務よりも優先して、丁寧に答えなくてはならないということだ。これは営業所内でも、本社や商品開発プロジェクト内でも同じである。

加えて、第1章で説明したように、キーエンスは、営業プロセスが成果に結びつく因果関係を重視するので、先輩は理路整然とアドバイスができる。電話をかけるタイミングや頻度、訪問企業の選択、訪問回数、提案内容、デモ機の使用頻度など、成果に結びつけるための適切なプロセスに関するノウハウが蓄積されている。営業成果が上がらない担当者の営業活動を、蓄積された因果関係のノウハウと比較して、より適切なプロセスを教えることが可能である。

また、そのようなアドバイスを効果的に実施する仕組みも充実している。後述する「外出報告書」や「ロールプレイング」など、コーチング・教育の制度である。

③OJTによるソリューション提案能力の習熟

キーエンスにおける営業の役割は、商品を販売するだけではない。顧客企業の業務や製造工程を徹底的に学習しなくてはならない。学習を通じて、ソリューション提案能力が高まり、結果として他社よりも高額でも、喜んで商品を購入してくれるようになる。加えて、そのような優れたソリューション提案によって、顧客企業との信頼関係が強化され、より多くの相談を受けるようになる。そこで得た知識が、さらなるソリューション提案能力の向上に寄与する。優れたソリューション営業を象徴する好循環である。

新人の営業担当者でも、キーエンスがつくりあげてきた仕組みによって、ソリューション営業ができるレベルまで、急速に学習する。通常は、2～3年間程度で、最低限必要とされる一人前の能力が構築できる。つまり、その時点で、少なくとも担当する商品に関する領域であれば、多くの顧客企業に対して、現場改善や生産性向上が提案できる知識と能力を持つ。

入社後早々の若い営業担当でも、顧客企業よりも良い提案を考えることができる理由は2つある。第3章の理論解説編では、「専門性の優位性」と「顧客範囲の経済性」として説明した内容に準ずる。

まずは、自社商品のことは、顧客企業よりも詳しい。特に、例えば、主要商品であるセンサやマイクロスコープの効果的な活用方法については、専門的な知識量で圧倒的に勝る。適切な商品構成からなる自事業部の商品に限定されるので、十分な学習ができる。

また、顧客企業の経験豊かな技術者でも、一般的な加工設備や汎用部品などと違い、工場用センサに代表されるキーエンスの多くの商品については、あまり知識がない場合が多い。

次に、顧客よりもソリューション能力に長けるようになる理由は、多くの現場を見ることによる経験値の積み重ねである。例えば、同様なセンサを使用する多くの現場を知ることで、多様な学習が可能になり、知識やノウハウの点で優位性を得ることができる。

入社後、営業活動をはじめてから1年程度の短い期間でも、自事業部のセンサを製造プロセスで同じような目的で利用する顧客企業の現場に、数十社以上訪問するのは難しくない。それらの工場では、センサ類の使い方やその効果、問題点などを丁寧に聞き取り調査する。キーエンスの営業では、顧客企業から業務のやり方や問題点をいろいろと教えてもらうことを最優先する。

④多数の顧客企業からの学習機会

第2章でも触れたが、キーエンスの経営方針のなかにも、多様な顧客企業からの学習を促進する要因がある。それは、企業規模にかかわらず、キーエンスの商品を導入する可能性がある顧客企業はすべて販売対象にする点である。現在、世界では30万社以上へ販売している。そのなかには、数十人以下の従業員しかいない企業も少なくない。大企業だけに絞らないで膨大な顧客企業と取引するメリットの一つが、学習機会を増やすことである。

ここまで説明してきた、自社商品の専門知識と多様な顧客現場の経験の2点を組み合わせると、入社後早い段階の若手でも、多くの顧客企業の担当者よりも、キーエンスの商品を活用した現場の問題解決において高い提案力を持つのは不思議ではない。その結果、様々な顧客企業での事例も考え合わせて、生産性が高まるセンサの適切な選択と使い方など、簡単な提案であればできるようになる。

また、前述のように、比較的小さい企業も含めて膨大な数の企業へ訪問するが、そのなかには、商品に関する専門知識が豊富ではない顧客企業も存在する。その場合には、新人の営業担当者の説明と提案でも喜んでもらえる機会も多い。経験値を積み重ねてソリューション提案能力が高まれば、徐々にその他の多様な企業へ営業活動を増やしていくことができる。

一人前のソリューション提案ができるようになった時点で成長が止まるわけではない。キーエンスの営業を経験する限りは、同様な学習が継続され、一般の企業では考えられない速さで、提案能力は高まり続ける。

⑤顧客学習教材——工程ハンドブック

第4章で、販売促進Gの活動内容として既に触れたが、営業担当者をサポートする優れたツールが準備されている。

営業担当者は、訪問前から、顧客企業について、徹底的に勉強する。実際に、顧客企業を訪問する営業活動をするのは、週で2〜3日である。営業で外出する日には4〜5社を訪問するのが通例だ。

それ以外の日は、営業所において電話での顧客対応に加えて、アポイントメントを取ったり、営業活動の事前準備に充てたりする。特に、顧客訪問前の準備が重視されるので、時間的にも、それ以上顧客訪問の日程を増やすことは推奨されない。業界や顧客企業について多くの知識がなければ、ソリューション提案はできない。

営業訪問前には、顧客企業の概要だけではなく、製造工程・設備、使用されている技術などをできる限り詳しく調査する。そのためにはまず、販売促進Gによって準備されている工程ハンドブックが役に立つ。半導体や液晶、電池、自動車など顧客企業として主要な業界の製造工程や設備が、わかりやすく説明されている。

加えて、工程ハンドブックには、キーエンスの商品が活用できる主要な工程が明示されている。例えば、鋳造工程であれば、高圧、低圧、吸引などがあるが、それぞれの工程に適したセンサや変位計など、提案できる商品とソリューションが説明されている。また、これまでにキーエンスの商品が導入されていれば、その販売実績に関する情報を得ることもできる。

十分に顧客企業の業務を学習することなく訪問すると極めて非効率だ。他の生産財企業であれば、とりあえず訪問して、顧客企業に一から教えてもらおうと考える場合もあるだろう。キーエンスでは決して許されない。後述するが、訪問前日に「外出報告書」によって先輩や上司に営業訪問の目的を明確に説明する必要がある。提案する商品とそれを使ったソリューション案などだ。中途半端な準備では、訪問自体が了承されない。

⑥充実した販促・価値提案ツール

顧客企業へ訪問したときの、営業の進め方についても、販売促進Gや営業所内で優れたプロセスが検討される。顧客企業へ提案する場合には、商品説明に加えて、具体的な効果を中心とした明快なストーリーが重要だ。

事業部によっても異なるが、例えば、顧客との時間が1時間取れるとすれば、商品の説明からはじめて、次に顧客企業の業務プロセスや問題点に関する情報収集をして、その内容も反映しつつ実機デモを実施するなど、より効果的な時間配分やストーリーを検討する。このようなノウハウも、後述のロールプレイングなどを通して、新入社員も含め、営業メンバー間で共有される。

具体的な販売促進ツールとしては、まず、カタログとデモ機が重要だ。これらを販売促進Gが準備する点も、前章で既に説明した。

カタログは、商品説明だけでなく、実際に使用する顧客にとっての具体的な効果がよくわかるように工夫を凝らしてつくっている。今でも、他社では、製品仕様や機能を中心としたカタログを見ることがあるが、キーエンスでは常に実際に使用した場合のソリューション価値を中心に訴求してきた。

説明のなかでは、必要に応じて、カタログに加えて、過去にその商品を効果的に使った様々な事例を紹介する。これも、販売促進Ｇがお役立ち事例として、何種類も準備する。写真やグラフも使い、一目でその使い方と効果がわかる形で作成されている。

お役立ち情報の提示の仕方についても、販売促進Ｇの担当者は、常により効果的な方法を考える。例えば、ある担当者は、お役立ち情報をＶＲ技術によって提示できるツールを開発したという。多くの顧客企業で有効に使われている使用状況を、バーチャル空間で再現した営業ツールだ。結果的に、顧客企業から、使用方法と実際の効果が理解しやすいと高く評価され、世界中の営業担当者から感謝された（巻末・参考文献／Ｗｅｂサイトを参照：キーエンスＨＰ３）。

商品仕様の説明だけとは異なり、このような形で、実際に活用された事例をうまく活かせば、顧客企業は効果を実感することができるので、説得力が格段に高まる。

同時に、デモ機についても、顧客にとってその使い方や効果がわかりやすいように準備されている。営業担当者は、それを使った説明の仕方について、新入社員教育でも、十分に学習する。また、新商品が市場導入されたときに販売促進Ｇが主催する、営業担当者に向けた説明会（研修）では、使用するデモ機と活用方法が説明される場合も多い。

特に、各顧客企業の具体的な業務のなかでの有用性を感じてもらうことが重要だ。そのためには例えば、測定器のデモ機であれば、顧客が実際に測定する部品で試してもらうのがよい。専門知識がなくても、簡単に使え、迅速に測定できる点など、機能的価値だけでなく顧客にとっての意味的価値を実感してもらうのだ。顧客企業の担当者が自分で使ってみると、「凄い。ここまで使いやすいとは思わなかった」と感心される場合が多い。

顧客に商品の価値を伝えるために役立つツールは、デモ機に限定されない。例えば、キーエンスの商品の一つである静電気除去装置の販促ツールとして、静電気が発生しやすいアクリル板が、営業担当者に提供されたという。それを使えば、工場の静電気がうまく除電できることを効果的に見せることができた。

加えて、購入を検討する企業に、実機を貸し出して、実際に使用してもらう機会を提供する場合もある。使用すれば、より一層、使いやすさなどの価値を実感できる商品が多い。そのため、長年にわたり、キーエンスの特徴的な営業方法の一つになっている。多くの場合に、顧客はその有用性・便利さや経済的価値の高さを実際に経験して、購入を決定することになる。

このように、販売促進Gは、カタログ、デモ機、お役立ち事例、工程ハンドブックなども含めて、営業活動が効果的に推進されるためのサポートを徹底的に行う。さらには、以下に説明するように、営業所内でも日々、効果的な学習が推進されている。

⑦営業所での日常的学習——外出報告書・ロールプレイング

営業に出る前後には、グループリーダーや機種責任者に必ず営業内容を報告し、様々なアドバイスを受ける。「外出報告書（外報）」と呼ばれる。

なお、以下の説明で理解できるように、外出報告書という名称は、誤解を生むかもしれない。実際には、先輩から丁寧に教えてもらったり、意見交換をしたりして、多くを学習する機会である。キーエンスからも、外出報告書という名称だが、一般的に言われる「1on1ミーティング」や「コーチングセッション」と捉えた方が適切だろうとの説明も受けた。

まず営業に出る前日に、訪問先の企業リスト（5社程度）、それぞれへの商談目的と提案内容などを報告してアドバイスを受ける。元来、単に新商品を紹介したり、挨拶や配達をしたりといった目的で、顧客を訪問することはない。飛び込み営業が問題外なのは言うまでもない。営業活動のなかでも、付加価値の低い業務は実施しない。

外報では、まず具体的な営業目的を明確に説明する。すべての行動の前には、目的を熟考して深く検討するのは、キーエンスの重要な行動指針のひとつだ。

商談しようと考えている商品とその活用目的、生産性改善提案の内容、顧客企業の現場や業務に関して調査する項目と目的などを報告する。そのためには、訪問する顧客企業の製品や製造工程、業務プロセスなど、できる限りの情報を収集・活用して、提案する内容に関して、具体的な説得力を高めなくてはならない。

それに対して例えば「そのような問題を検知するためのセンサを考えているのなら、まずは、同様な問題解決で実際に効果が上がったＡ社の事例を説明するのがよいだろうね」といった具体的なアドバイスがもらえる。

さらには、訪問する顧客企業に詳しい上司であれば「Ｂさんとアポイントを取って商品説明やデモをするのなら、購入決定ができる上司のＣさんにも入ってもらうように頼んだ方がよいだろうね」といった踏み込んだ提案をしてもらえることもある。

次に営業から帰ると商談の内容を報告する。その内容によって例えば「その製造プロセスであれば、このセンサの提案ができたでしょう」「次に訪問するときは、この点をよく聞いてくると、新たな改善提案ができるかもしれない」といった、様々な助言をもらう。

ここで説明しているように、外報の中身は抽象的なノウハウの指導でなく、具体的な営業プロセスに関するアドバイスが主体である。さらには、一方通行の指導だけでなく、相互に意見交換や議論を通して一緒に営業方針を検討する。

また、外報の内容は、営業プロセスと成果の因果関係を仮説・検証する目的にも貢献する。顧客企業への訪問前に立てたソリューション案が、仮説通りに実際の販売に結びついたかどうかを、訪問後に常に検証するのだ。

毎月、外出して営業活動するのは10日間程度なので、このような形で毎月10回は熟練した営業担当者（機種責任者など）から具体的な教えを受ける。毎日の訪問企業数は5件程度だとすれば、毎月50回近い企業訪問に関して、様々な意見交換をする。つまり、それだけ頻繁に実際の事例を使って、ソリューション提供の教育を受けることになるので、成長が早いのである。

外報では、営業活動すべての詳細な報告が必要なので、過度な監視があるブラック企業の例として書かれているのをネットで見たことがある。しかし実際にはまったく異なる。先輩や機種責任者が、営業担当者に懇切丁寧にアドバイスする制度で、キーエンスの助け合う文化を象徴している。「外報でもらったアドバイスで何度も助けられましたよ」「外報の制度がなかったら、こんなに早く成長はできませんでした」と多くの営業担当者が好意的に高く評価している。

次に、もっと具体的に、提案の進め方や、営業時の説明の仕方などを学ぶ機会が、毎週のように営業所内で行われるロールプレイングである。グループリーダーや先輩が顧客の役になって、営業の練習相手をする。

特に、顧客企業の業務をよく理解して、生産性が高まる点を具体的にわかりやすく説明できているかどうかが重要だ。例えば、デモ機をうまく使って、顧客が実際に使用する状況を再現した形で、大きなコスト削減の効果を説明できれば、説得力を高めることができる。ロールプレイングの終了後に、細かい点まで、良い点と修正すべき点を丁寧に指導してもらう。

営業所によっては、新入社員は毎週何回もロールプレイングによる学習機会を得る場合もある。実際の営業を再現するので、学習効果は高い。また、外報のなかで、ロールプレイングを実施するのも効果的だ。例えば、訪問予定の顧客企業へ、重要ながら難しい商品提案をしなくてはならない場合に、その予行演習として実施する。

⑧情報共有の文化

ここまで、制度としての学習の仕組みを説明してきたが、キーエンスの最大の強みは、何度も強調している教え合い学び合う文化である。例えば、多くの企業の営業部門では、販売実績の競争が激しく、顧客の情報や販売のノウハウなど、営業担当者が自分だけで囲い込み、他の営業担当者には秘密にする場合も少なくない。

一方キーエンスでは、ある商品を通じて、顧客企業へうまい提案ができた場合には、その課題解決の内容を共有する。例えば、「ペットボトルの工場で静電気の問題があって、突然キャップが飛んでしまう問題があったが、工場の担当者は原因がわかっていなかった。静電気除去装置を入れると生産性が大きく上がって、顧客からとても喜ばれた」といった成功事例があると、まずは営業所内で共有する。これによって、他の営業担当者も、自分のエリアにも同じような工場があるから、同様な価値が提案できるはずだと学習できる。

このように、自分だけの秘密には決してしない。個人ではなく、社員全員で、付加価値の最大化を目指そうとする。その企業文化を象徴し下支えするのが、業績を全員で分配する「業績賞与」である点は、説明した通りである。

さらには、営業所内だけでなく、事業部全体での情報共有も推奨・促進される。複数の営業拠点を統括するエリア・マネージャーに有用な情報をインプットすると、そのエリア内の他営業所にその情報が展開される。加えて、エリア・マネージャーを通さなくても、毎月のように、エリア内の各営業所が集まり、共同での勉強会や情報共有のためのミーティングなどが開催されている。

本社から国内も含めて世界中の営業をサポートする販売促進Ｇは、常にそのような有用な情報を収集している。例えば、近年であれば、ＥＶ用電池の製造プロセスに関する新たなソリューション提案の成功事例などだ。営業担当者が有用な情報を事業部内のイントラネットで報告できる仕組みも構築されている。営業担当者は、業務評価にもプラスになることもあり、積極的に情報を報告する。販売促進Ｇがその情報を、日本全体の営業所や海外拠点でも共有した方がよいと判断すれば、迅速に展開する。

⑨顧客企業の情報記録・共有と活用

顧客企業を訪問した機会に収集した業務プロセスや製造現場の情報は重要な知識ベースとなる。外報でもその内容を報告するが、自身の営業活動のためにも、また営業所および事業部の共有知識資源としても、営業に出た日には、活動内容を必ず丁寧に記録する。

ただし、近年は特に、個人情報保護の観点が重要なので、キーエンスでも、顧客企業の情報の取り扱いには最大限の注意を払う。多くの情報は、各営業担当者が自身の営業活動や学習に活用する。

記録内容の重要点は、営業所内での報告に加えて、事業部内の販売促進Gやエリア・マネージャーへも展開される。販売促進Gが、国内外の営業所全体の販売方針などを検討するためには、現場における顧客企業とのやり取りや、購入理由、解決された問題などの情報が必要になる。

記録する内容としては、まずは顧客への提案内容とその営業結果が重要である。販売できた場合もできなかった場合も、その営業プロセスを詳細に記録し、結果に結びついた因果関係を丁寧に分析する。経営方針として、常に因果関係を検証する姿勢は一貫している。

次に、キーエンスの営業活動にとって重要な顧客企業各々の一般的な情報を記録する。製造工程や業務内容、要望・ニーズや困りごとなどが含まれる。

それらに加えて、顧客企業が購入を決定するプロセスや購入決定責任者に関する情報も、企業や部門によって異なるので、重要な情報である。購入決定のプロセスとして、部門内で決済する場合と、購買部門を通す場合の違いなどもある。また、顧客企業が特定業務や生産工程の生産性改善のために計上している予算額もある程度は理解していなくては、適切な提案ができない。

これらを理解していれば、顧客企業にとっても検討しやすい提案ができる点が、重要だ。前述のように、費用対効果を十分に理解して提案するのも、それが顧客企業内部で購入を決定する評価基準でもあるからだ。同様に、顧客の意思決定プロセスを十分に理解したうえで提案した方が、顧客企業の購入プロセスにかかる時間やコストを削減できる。それによって、顧客企業は、迅速かつ効率的に、提案されたソリューションの効果を享受できる。

顧客企業のある若手の担当者は次のように述べている。

「キーエンスの営業は、費用対効果の分析結果や比較すべき他社製品などすべての情報を提供してくれるので、助かっています。購入したい場合に、それらの情報によって、上司への説明や説得がとても効率的にできるんですよ」

顧客企業が商品を購入する意思決定プロセスをシミュレーションしたかのような提案になっている点が、高価でも購入をスムーズに決定してもらえる理由にもなっている。

特定の顧客企業で、対応した担当者の専門分野や役職なども、スムーズな営業活動には役立つ情報である。例えば、現場の担当者の専門領域によって、品質、コスト、新技術などに関して、関心の強い領域が異なり、説明の仕方や順番も変えた方が効果的な場合もある。

⑩情報やデータベースよりも蓄積された知識

このように営業活動から得られた顧客企業に関する情報は、きちんと記録され活用される。ただし、メディアなどが少し誤解している部分もあるが、キーエンスは「様々な顧客情報を徹底的に収集して、大規模データベースを構築したうえでCRMツールなどを使って活用」というやり方はあまり重視していない。ここまでに説明してきた目指すべきコンサルティング営業には、そのような表面的な大量データでは不十分である。

顧客企業に深く入り込み一緒に問題解決するアプローチなので、確かに、多くの貴重な情報を得る。しかし、キーエンスが最も重宝するタイプの情報は、紋切り型にデータベース化することはできない。高度なコンサルティングプロセスがマニュアル化できないのと同様であろう。

特に重要なのは、情報データベースというよりも、多くの具体的な事例の積み重ねからのみ深く理解できる、ソリューションに関する高度な知識やノウハウである。各事業部では、そのような事例を長年にわたり蓄積することによって、キーエンスが最重視する、顧客価値向上に結びつく要因とその因果関係に関する知識体系を構築してきた。

この点でもキーエンスの事業部組織は効果的だ。取り扱う商品が限定された事業部内の専門家の間であるからこそ、定性的で複雑な内容でも全員が知識共有できる。本社の各フロアや世界中の営業所で、日々、プロフェッショナル集団として、高度で密度の濃い情報交換や議論が行われている。

情報やデータベースというよりも、そのような長年にわたり組織に蓄積され従業員が学習してきた奥深い知識こそが、キーエンスの強みであろう。

⑪日々、業界や商品の勉強に励む

顧客企業から多くの情報を教えてもらうだけでは、ソリューション提案能力の構築には十分ではない。キーエンスの営業担当者は、顧客訪問をしない日には、自社商品や訪問予定の顧客企業の業務や業界トレンドなど、多くを勉強する時間もつくる。ソリューション営業をうまく実施するためには、専門知識の学習も必須である。一流コンサルタントがよく勉強するのと同じだ。

また、勉強した内容から、例えば、最先端の技術動向や他社の成功事例などを顧客企業の担当者に紹介すると、会話が活性化するし営業内容も充実する。そうすれば、顧客企業からの学習も促進される。

技術・商品情報を学習するために、主に本社社員（販売促進G）は展示会を視察する場合もある。国内だけでも、毎週のように大掛かりな展示会が開催されている。例えば、半導体や工作機械、レーザ技術、人工知能などの業界が開催する展示会である。

商品開発関係の担当者は、業界・技術動向の知識が必須なので、当然のように展示会に訪問するが、ソリューション営業にも有用である。販売促進Gが有用な情報を営業所へ展開する。

他の企業で研修をしていると、営業担当者は日常業務が忙しくて、関連する業界や将来の潜在顧客、または最新技術などを勉強する時間はないという声をよく聞く。キーエンスのようにコンサルティング営業が必須だとする経営戦略が明確に設定されていないので、勉強するモチベーションが低いようだ。そのような企業では、足で稼ぐ営業が重視され、ソリューション提案ができる能力を構築しても、高く評価されるとは限らないと考えるのだろう。

説明してきたように、販売促進Gからのサポートや営業所内での充実したコーチングなど、営業活動を支える仕組みは強固である。しかし、何よりも重要なのは、個々の営業担当者が多くを学んだなかから、考え抜き、自分で工夫して、ソリューション提供に結びつける努力とその結果としての能力構築である。

3 顧客価値イノベーションの好循環

①能力構築の学習サイクル

ここまで主に、販売促進ツールや組織内学習の仕組みなどの側面から、ソリューション提案能力がいかに構築されるかについて説明してきた。キーエンスの強さの神髄は、顧客企業への利益向上提案、それによって信頼を高め、顧客からより多くを学び、それがさらなる利益向上提案に結びつくという、相乗効果を生み出す好循環のサイクルにある。

このサイクルによって、年々急速に学習を早めることにより、顧客価値イノベーションを生み出す組織能力を発展させる。多少繰り返しにはなるが、顧客企業との関係性の視点から、イノベーション能力を高める学習サイクルを、図表5－1を使ってまとめる。

まず、①では顧客企業に利益増加やコスト削減に結びつくソリューションを提供する。営業担当者は早ければ入社して2～3年程度で、顧客から高評価されるくらいに、有意義なソリューション提供が可能になる。

まず、自社商品に関しては、最初の訪問から、何を聞かれてもきちんと答えることができるように、徹底的に勉強する。同時に、多様な顧客企業の現場で、顧客から多くを学習する。そ

図表 5-1　顧客イノベーション能力の構築サイクル

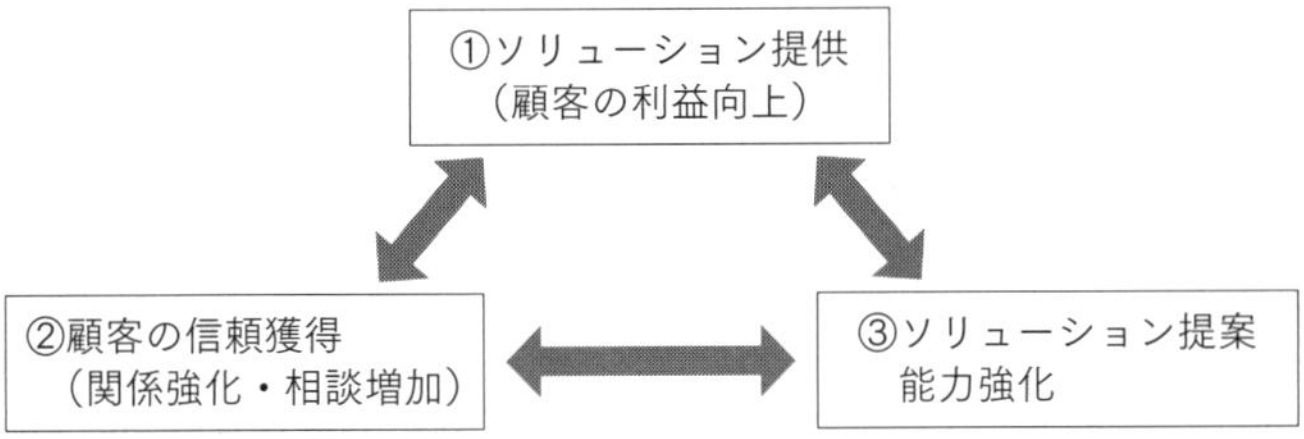

（出所）筆者作成

の結果、デモ機やお役立ち情報などの様々なサポート、外報による丁寧な指導などにも助けられ、次第に、顧客企業の気づいていない、有益な提案ができるようになる。

顧客企業が提案に満足することによって、図表5－1の「②顧客の信頼獲得」に結びつく。そうすれば、さらに多くの様々な相談を受けたり、顧客の現場でより深い意見交換をしたりすることになる。結果的に、営業担当者は多くを学習し、③のソリューション提案能力強化に結びつく。

能力構築が進むと、顧客企業へのソリューション提案が、さらに高度なレベルで可能になっていく。優れたコンサルタントと同等の能力だ。結果的に、顧客は、相談すれば良い回答がもらえると期待して、自社のプロセスや問題点などを、通常以上に具体的に教えてくれるようになる。つまり、価値提案、信頼構築、学習の好循環が続くのである。

このような形で営業は鍛え続けられるので、他企業から模倣をされない組織能力として構築される。顧客企業との情報共有と擦り合わせによる組織能力の持続的な強化が、キーエンスの最大の強みの一つだ。

②信頼関係の拡大再生産

この好循環のなかでもカギを握るのは、顧客企業から具体的に多くを学ぶことだ。そのため、顧客企業へ訪問した際には、多くの質問を投げかける。この点で、キーエンスの営業に対して、しつこく質問をされるのが面倒だと思う顧客企業もある。しかし、筆者は15年間近く顧客企業への聞き取り調査も継続しているが、キーエンスを頼りに思う企業の比率が、面倒だと思う企業に対して、急速に増え続けてきたことは間違いない。

キーエンスからの優れたソリューション提案や商品によって、コスト削減や品質向上が可能になり、業績向上を経験した企業が年々、増え続けているのが最大の理由だ。顧客企業にとっても、結果が重要である。加えて、近年は、キーエンス側としても、顧客の担当者との間で優れた関係性を構築するスキルが向上しているようだ。

信頼関係が築かれると、顧客との間に長期的な取引関係が続く。今では、顧客企業のなかでも、新たに製造ラインをつくったり、困難な問題が発生したりする場合には、必ず信頼のおけるキーエンスの営業に相談するという企業が増えた。

結果的に、取引は拡大展開されていく。既存の顧客企業との間には、信頼関係が深まるとともに、高い評判によって、多くの新たな顧客企業との取引が増えている。このようにして、信頼関係の構築と新たな展開による拡販が、長期的に安定して伸び続ける高い業績に結びついている。生産財企業としてのブランド力が高揚していると、表現することもできる。

なお、ここで説明している好循環によって、顧客企業の知識を深く効果的に学習することができるが、その学習内容が事業部全体の知識資産となり、ソリューション営業だけではなく、高付加価値の新商品開発へも、大きな貢献をする。その点は、次章で詳しく説明する。

4 好循環が継続されるバックボーン

キーエンスの強みを支える、顧客価値イノベーション能力に関わる好循環について説明した。優れた経営ではあるが、実際に実行するのは簡単ではない。長年にわたり、この好循環を継続することによって、ますます発展し続けている。この一貫性と継続性は、どのように維持されているのだろうか。

ここでは最後に、キーエンス特有の好循環を継続することができるバックボーンを明確にしておこう。特に、表面的な経営革新だけでは、決して実現できない点を理解してほしい。

①経営理念と目標設定――顧客の利益向上、売り上げでなく付加価値額

まずは、社会貢献を目指した経営理念と目標設定の明確さと一貫性が、ブレない行動指針を強固に支えている。顧客企業が本当に喜ぶ真の価値（利益向上）に向けて、高度なソリューション能力を構築し続けることが、自分たちの存在意義である点が共有されている。

営業が目指す付加価値額については、第1章で説明したように、独自基準である「成果額」が使われる。営業担当者は、日常業務においても成果額を常に最優先にして、売上額はほとんど気にしていないと明言する。

つまり、この経営理念では、顧客企業にとっての経済的価値と費用対効果が、キーエンスの基準から見て十分に大きくなければ販売しない。一般企業の営業に見られる「何とか販売を増やすことができればよい」という考えは皆無だ。

そのため日々、自分たちの存在意義として、顧客企業にとっての経済的価値向上を必死になって追求する。具体的には、顧客企業の業務プロセスを丁寧に観察して、「少しでもお客様の生産性を高めたり、コスト削減したりできる提案はないか」と常に検討を怠らない。

販売量を増やすだけであれば、大規模調査で顧客ニーズやＶｏＣ（顧客の声）を分析すれば、ある程度は可能だ。しかし、顧客企業の利益向上を提案するためには、顧客の業務プロセスを徹底的に学ばなければ無理だ。加えて、顧客企業の業務内容だけでなく、新技術や生産性向上

の成功事例などに関しても、日々貪欲に学び続ける。

②直接販売としての責任感

自社の商品、顧客の現場、業界の市場・技術動向など、日々勉強を続けるモチベーションの源泉の一つは、直販にもある。ある営業担当者は次のように述べる。

「メーカーの営業なので、商品の知識や、その活用の仕方については、すべて知っていなくてはいけません。お客様から聞かれて、『メーカーに問い合わせる』とは言えません。お客様が使っていて、効果がなかったり、問題や不具合が起きたりしても、すべて自分の責任になります。最適な商品を選定して最適な設定をする責任があります。調子が悪ければ、その場で、設定を変えなくてはいけません。徹底的に勉強しない選択肢はないですね」

キーエンスの商品に関連した顧客企業のオペレーションに関しては、商品、使い方、問題点などすべてに責任を持つと考えて、次のように断定する。

「お客様の製造ラインが止まってしまっては、大問題です。メーカーの人間としては、絶対に起こさないように注意を払います。それがメーカーのプロとしての仕事です」

このような強い信念を持っているので、営業担当者は技術に関しても深く勉強し、例えば、簡単なソフトウェアの問題であれば、自ら設定変更し問題解決できる知識やスキルを持ち合わせている。顧客企業は、他企業と比較して、キーエンスの営業担当者の技術的な知識の深さに驚くことが多い。

直販であることが、顧客との一体感を高め、一緒になって製造や製品開発の現場を良くしたいと取り組むようになる。コンサルティング営業とかソリューション営業という販売戦略以前に、営業担当者もキーエンスの商品を提供する専門家として、それを使った現場の改善を一緒に考えるのは当然だという認識だ。

近年、一般的に直販の重要性は高まった。高度なソリューション営業を実現するためには、常にとは言わないまでも、直販を主体にした営業が必要条件だろう。顧客価値イノベーションを、真剣に考える生産財企業は、この点をよく理解した方がよい。直販か代理店依存かに関する現状の選択は、戦略的に決定したというよりも、これまでの成り行きで決まっている企業も多い。自社のあるべき姿として戦略的な検討が必要だ。

③組織学習の文化——強靭な事業部組織

好循環を支える最大の強みは、特に事業部内での、密接なコミュニケーションと相互学習の文化であろう。営業担当者は新入社員のときから常に様々な教えを受ける。外出報告書（外報）などで厳しく監視される軍隊的な組織と誤解される場合もあるが、まったく違う。実際には、事業部や営業所など様々なレベルの組織単位で、上下関係ではなく、全員が相互学習しながら、一丸となって成果を上げていこうとする活気あふれる組織である。

個人への期待も大きく厳しい会社だが、落ちこぼれはほとんど存在しない。周りでみんなが助け合う文化と仕組み（外報、ロールプレイングなど）がうまく機能しているからだ。ある機種責任者（営業所内の事業部責任者）は、「落ちこぼれが出たら、本人の責任ではなく、私の責任です。きちんと親身になって教育するのが私の役割です」と明言する。

また、相互学習を重視するので、個人が得た情報を囲い込むことはない。営業所内で日々行われるミーティングや勉強会でも、顧客企業の情報や、優れた提案のアイデアなどの意見交換が頻繁に行われる。

これだけ高いレベルで全員が協力して、一丸となって目標を目指し、効果的に相互学習が推進される組織文化を支える最大のバックボーンは、強力な事業部組織である。センサ事業部やマイクロスコープ事業部など、各事業部が担当するドメインは、広すぎも狭すぎもしない。各事業部には、価値創出するための中核機能である、商品開発と営業・マーケティングに関係する人材がすべて集結している。そのため、組織としてのまとまり・結束が強く、専門知識の向上や相互学習が最も効果的に行える組織単位になっている。

同時に、目標達成のために、同じ方向を向いた団結力が最大に発揮できる。特定分野の高度な専門家が集まって同じ目標に向けて邁進する組織は強い。強いスポーツチームのように、お互いに刺激・鼓舞して高め合いつつ、頑強なチームワークによって目標に向けて突き進む。

結果的に、各事業部が、特定商品分野における真のプロフェッショナル集団として日々成長し、それがさらに高度で活発な議論を生み出すという好循環につながっている。

このように完璧に事業部組織のメリットを活用した企業はほとんど見ない。事業部が大きすぎたり、多様な商品がありすぎたりで、形だけの事業部組織になっている場合が多い。

このように、経営理念から始まり、直接販売や事業部組織も、すべてが、顧客価値の最大化に向けて理想的な設計になっている。もちろん、これは歴史的な成り行きや偶然ではなく、意図的につくりこまれたものだ。妥協することなく、ここまで徹底することが、超一流企業の条件であることは間違いない。

第6章

高付加価値の新商品企画・開発

商品開発Gと商品企画Gからなる新商品開発の組織構造については、第4章で既に概説した。ここでは、商品開発の考え方やプロセスとともに、具体的な新商品の成功事例を中心に説明する。

1 新商品開発の条件

歴史的にもすべての商品の平均として、売上高総利益率8割近辺を何十年も継続している会社なので、導入されるほとんどの新商品が、高収益を生み出す成功商品である。結果的にそうなるのではなく、戦略的・意図的に、顧客企業にとって高価でも費用対効果が高い、必然的に高収益・高付加価値に結びつく新商品を開発してきた。ある程度の販売と利益が期待できるというだけで新商品を開発・市場導入することはない。

筆者は、多くの一般企業を対象に新商品開発を研究してきたが、「独自の新技術を使った新商品で、ユーザーニーズに合致し一定以上の売り上げと利益が期待できる」という条件がそろえば、喜んで新商品開発をする企業が多い。ある程度の採算性は条件だとはいえ、基本的には新商品開発と市場導入自体が目的化しているのだ。

キーエンスでは、そのような曖昧または低次元な目標ではなく、価格が比較的高価であっても、それ以上に顧客企業が享受する経済的価値が大きい商品が条件になる。社内基準として平均的な粗利率8割を大きく下回る商品を、積極的に開発することはない。

新商品開発には、商品企画Gと商品開発Gの担当者が一体となって取り組む。主に、商品企画担当者が中心になって、新商品のコンセプト案を考え検証するサイクルを何度も繰り返し、多くの顧客企業の生産性を大きく向上させる新商品の可能性を探索する。中途半端な妥協はしない。常に多くの商品コンセプト案を並行して検討したうえで、厳しい基準を課して絞り込むという。そこまでしなくては、優れた商品企画は生まれない。

具体的には、例えば、多くの顧客企業の効率・利益が高まる新商品開発テーマが10個あれば、それらの実際の価値を徹底的に調査・分析して、どの商品に取り組むかを決める。より大きな価値の実現に向けて、複数の商品案を競い合わせながら、付加価値の最大化を目指す。

少なくとも数十社の製造・開発現場において、高価でも費用対効果が高く、是非購入したいと考える商品だと具体的に確認できなければ、開発・市場導入されることはない。それらの企業にとっては購入しないと損になる商品だ。多数の企業における使用方法と経済的価値（コスト削減など）を実際に把握したうえでの商品開発（マス・カスタマイゼーション）なので、失敗するリスクは小さい。結果的に、粗利8割の商品を長年にわたり継続的に市場導入できているのだ。

いまだに多くの企業で見られるマクロ視点からの市場分析・顧客ニーズ分析だけでの商品開発では、不確実性と失敗リスクが高すぎる。

2 顧客価値優先の商品開発における商品企画Gの存在意義

このような顧客企業の経済的価値を最大化する商品開発を可能にしている要因の一つは、商品企画Gの存在だ。商品企画Gは膨大な顧客知識と優れたマーケティング能力を備えるが、その能力すべてが新商品開発に投入され活用される。

第4章で商品企画Gの概略は説明したが、簡単に復習しておこう。

商品企画Gには、理系で商品開発Gの出身者と、文系で営業や販売促進Gの出身者の両方が配置されている。いずれの出身者も、顧客へのソリューション提案能力と商品開発の両方において、極めて高度な能力を備えた戦略的・創造的な商品企画者である。

元来、営業・販売促進Gで優秀な人材はソリューション提案能力が極めて秀でているが、そのなかでも、技術にも詳しく商品開発の企画構想能力が高い人材が抜擢される。一方、商品開発の出身者は、当然、技術には詳しいが、加えて、市場動向に詳しく、顧客価値の高い革新的な商品の構想に秀でた人材が担当する。技術系人材は、商品企画Gに配置される前に、CDP

制度で販売促進Gを経験するなどして、顧客知識とソリューション提案能力を磨く機会が提供される場合も多い。

それらの人材は、商品企画Gへ配属後も、商品開発Gの担当者以上に、常に顧客知識や市場情報を学習し蓄積する努力を続ける。結果的に、商品開発Gの担当者（通常、技術系）は、商品開発プロジェクト内では、顧客価値や市場動向に関して、商品企画担当者を大いに頼りにする。

このように商品開発における顧客知識の活用において、まずは、商品企画Gの貢献が大きい。それに加えて、特に技術系人材である他の商品開発担当者は、以下で説明する顧客知識を学習する充実した仕組みを活用している。

3　商品開発における顧客知識の学習と活用

日々の新商品開発業務においても、顧客企業の生産性や利益が大きく増加し、高価でも費用対効果の高い商品を目指す。若手の商品開発担当者でも、部品やソフトウェアの設計・開発をしているときには、少しでも顧客企業の生産性・利益が高まる設計を目指す。新入社員のときから、顧客企業での具体的な使用現場を想定しない設計・開発はあり得ないと考える。一般企

図表6-1　商品開発部隊の顧客知識獲得ルート（各事業部内）

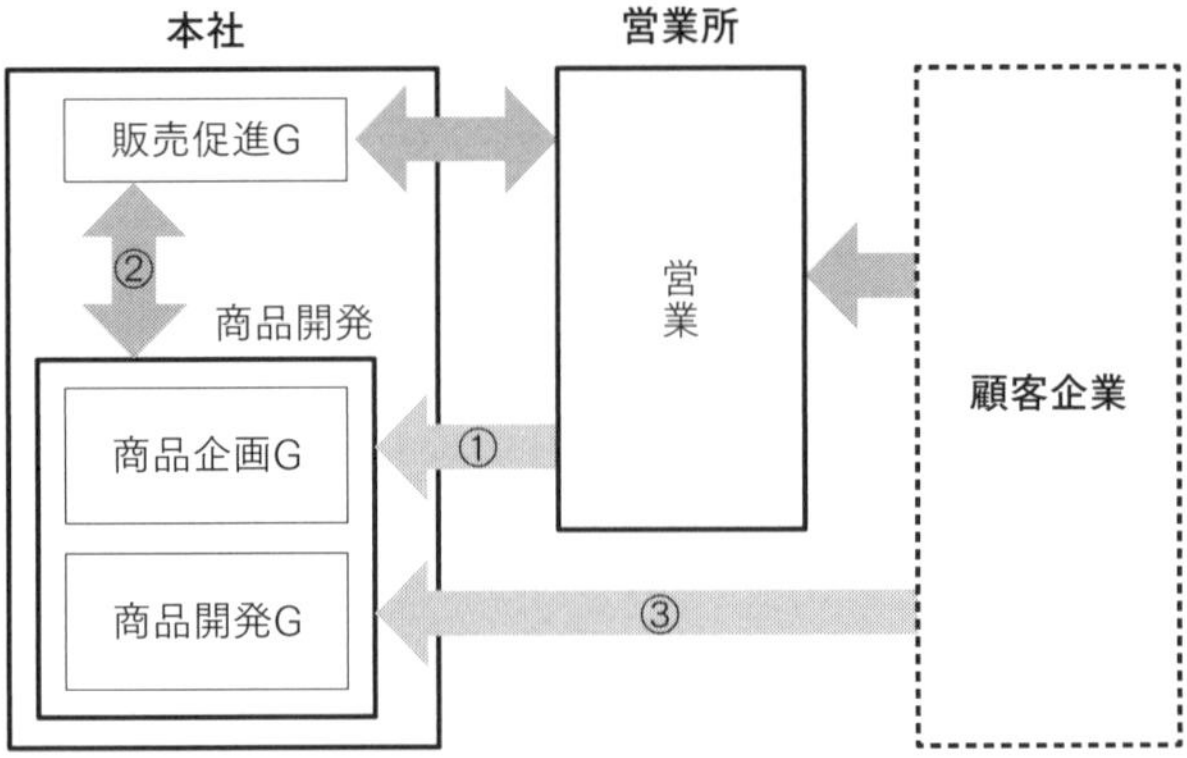

（出所）株式会社キーエンス提供の情報から筆者作成

業の若手技術者であれば、きちんと機能する正しい設計をするだけで手一杯な場合が多いだろう。

　そのため、商品開発担当者は顧客の現場をよく知る必要がある。しかし、頻繁に顧客企業を訪問することは、時間配分としても不可能である。そこで顧客企業の商品・技術や製造・開発プロセスなど顧客情報を知るためには、多様なルートを活用する。それらの具体的な方法について、図表6－1にまとめた。

　なお、この図表では、新商品開発を担当する組織として、商品開発Gと商品企画Gを併せて説明している。しかし、前述の通り、顧客知識とソリューション能力が高い人材が商品企画Gに任命されている。そのため、この図表では説明していないが、実際には、特定の開発プロジェクト内で、商品開発担当者は、一緒に商品開発に取り組む商品企画担当者からも、多くの顧客知識を学ぶ。

顧客情報に関する流れを矢印で示しているが、商品開発への情報ルートは3つある。図中の番号と対応させているが、①営業から直接情報を得る（主にニーズカード）、②本社で販売促進Gとの意見交換や討議から学ぶ、③開発担当者自身が顧客企業を訪問して直接学ぶ、の3通りである。

3つのルートのなかで、日常的に行われる本社内での販売促進Gとの意見交換や討議は、特に効果的・効率的だと思える。このように、商品開発担当者が、顧客企業の現場や具体的な顧客価値について知り尽くしている面々と、同部屋で、いつでもコミュニケーションができる状況をつくり出している企業は少ない。

ここで、再確認しておくが、この図表6－1の構造が、9事業部でそれぞれ別個に存在する。大きな組織であれば決してうまく機能しないだろう。事業部別だからこそ情報共有が効果的に行える。

次に、3通りのルートを順番に見ていこう。

①営業からのインプット――ニーズカード（図表中の矢印①）

世界の営業部隊が、圧倒的に多くの質の高い顧客企業に関する知識・情報を蓄積している。

その多くは、ソリューション営業に役立つ内容である。そのなかでも特に重要な顧客・企業情報や、うまく機能したソリューション提案のやり方などは、営業所の機種責任者やエリア・マネージャー、販売促進Gへフィードバックされ、必要に応じて、国内外の他営業所に展開される。

それとは別に、顧客企業の様々な現場を見ていると、良い商品があれば顧客価値の高いソリューションが提案できる場面に直面することがある。例えば「小さい部品を4個並べた製造ラインで、すべてを同時にセンサで検査したいが、センサを横並びにできないので、工程が2段階に分かれている。センサを小型化して並べることができれば、1回で検査できるので、タクト短縮ができて生産性が倍化する」といった情報である。

そのような情報を商品開発組織（商品企画Gと商品開発G）へフィードバックする制度が、ニーズカードである。フォーマット詳細や営業担当者の提出頻度に関するルールなどは、事業部によって異なる。国内外の数千人に及ぶ営業担当者が、業務の一環として、毎月、積極的に提出するので、全社的に、多くの顧客情報が収集される。

この制度によって、商品開発担当者は、顧客企業を訪問しなくても、利益向上へ貢献できそうな商品のアイデアを多く得ることができる。ただし、1件のニーズカードが直接、新商品に結びつく可能性もあるが、そこまで単純な事例は稀である。キーエンスのニーズカードに興味を示す企業は多いが、安易な期待は禁物だろう。

通常の活用の仕方としては、例えば、面白そうな情報であれば、商品開発の担当者が、その顧客企業へ訪問して、詳しく調査をする。ある商品企画担当者は、毎月1件以上は、顧客を訪問してみたいと思わせる有用な情報が含まれていると言う。

加えて、比較的大量のニーズカードが収集できるので、商品開発に役立つ多様な顧客情報を包括的に学ぶことができるのも重要だ。例えば、同じような要望が複数出ていれば、多くの顧客企業に応用できる重要な要望だと評価できる。

商品開発を専門としない営業担当者からの情報にすぎないが、ある商品開発リーダーは、次のように説明する。

「多くの営業担当者が、週に数回顧客企業を訪問しているので、顧客との接触量は圧倒的に多いでしょう。だから、そのなかには、なるほどなと思う情報が結構多いですよ」

ニーズカードの特徴として重要なのは、営業担当者が意図的に、「新商品開発に役立つ情報」を探して提出している点である。単に、営業担当者が営業活動のなかで自然に得る情報をフィードバックしているわけではない。そのような情報と、新商品開発に役立つ情報は異なる場合が多い（高杉、２０１９）。

単純化すると、営業担当者は、ソリューション営業に役立つ情報は販売促進Gへ、新商品開発に直接的に役立ちそうな情報は商品企画Ｇと商品開発Ｇへフィードバックするのである。単に、営業からの情報を収集する仕組みを持っている企業はあっても、ここまで目的を明確にした制度を構築している事例はほとんど見ない。

この制度がなければ、営業担当者は、新商品開発に関する情報収集は積極的には行わないだろう。ニーズカードで提出する情報は、直接、営業活動には必要ないからである。その情報が売り上げを増やすことには結びつかない。しかし、キーエンスでは、事業部内で、商品開発と営業が一体になって同じ目線で、顧客企業の生産性向上を目指すことが重要だ。この一体感の昂揚にも、ニーズカードの制度が貢献しているのかもしれない。

②本社での販売促進グループとのやり取り（図表中の矢印②）

本社では、前述の通り、９事業部が各々一つのフロアに陣取る。そこでは、事業部の商品開発Ｇ、商品企画Ｇ、販売促進Ｇが協働している。各フロアには、柱も高い仕切りボードもなく、全員の顔が見える状況で、誰にでも簡単に相談できる。

そこで設計開発に取り組む商品開発Ｇにとって、商品企画Ｇとの協働に加えて重要なのが、販売促進Ｇとのコミュニケーションである。

販売促進Ｇは、既に説明した通り、販売・マーケティングの戦略を考え、営業担当者のソリユーション能力を高めるために研修・教育や情報提供を実施し、様々な営業サポートツールを準備する戦略的スタッフ部門である。市場分析やマーケティング戦略のようなマクロ的視点を持ちつつも、顧客企業の製造現場や開発プロセスなどのミクロ的視点からの知識にも長けた精鋭部隊だ。

世界の営業部隊が学習した膨大な情報・知識についても、重要な内容はすべて把握している。そのため、商品開発担当者が、検討している商品に関して「市場での需要は大きそうか」「どのような業界で、どのような価値が求められそうか」「特定の顧客企業のどのような業務プロセスにおいて大きな生産性向上に結びつきそうか」などを販売促進Gに問いかけると、多くの有用な情報が提供される。

商品開発のプロジェクト責任者などマネジメント層はもちろん、若手の設計・開発担当者でも、同じフロアで一緒に業務に取り組んでいることもあり、気楽に顧客企業や市場に関する質問や意見交換ができる。

単なる情報交換ではなく、商品開発G、商品企画G、販売促進Gの3つの分野の専門家が、新商品コンセプトや顧客価値提供の新しい視点などに関して、熱心に議論することも多い。このように、本社の各フロア（各事業部）では、各職能分野の専門家による、機能横断型（クロスファンクショナル）イノベーション活動が常時行われている。

③顧客企業への訪問（図表中の矢印③）

このように商品開発担当者は、販売促進Gから、いつでも高度な顧客情報を得ることができ、営業からも主にニーズカードを通して、顧客企業が抱える問題点が次々と送られてくる。それだけでも、一般企業の技術者よりも、多くの顧客情報に接している。しかし当然、商品開発担当者自身で顧客の現場に行き、直接、製造現場を観察したり、開発プロセスの話を聞いたりすることは、真の顧客価値を理解し新商品のアイデアを発想するためには不可欠である。

商品開発担当者が顧客企業を訪問する目的や方法は、様々である。

例えば、商品企画段階であれば、ニーズカード等で重要そうな情報を見つけて、その対象企業を訪問する場合もある。顧客企業の現場を見て、大きな経済的価値を創出する新商品の可能性などを中心に、自分の目で確かめるためだ。

また、担当している商品に関しては、新商品が導入されたときの説明や、問題が生じた場合の対策など、商品開発担当者自身が顧客企業へ業務として訪問する機会がある。そのような機会は最大限に活用する。そこで、具体的な使用方法や問題点、その他の要望などを聞き出す。有能な技術系人材なので、自分の目で製造プロセスを観察したり、直接、業務プロセスを調査したりできれば、独自の視点から様々な気づきを得る。キーエンスからの訪問者が販売を目的としていない技術系の商品開発担当者であることがわかると、より積極的に様々な要望を出してくれる顧客もいる。技術者同士で、専門的な会話が活発に交わされることも多い。

設計開発の担当者は、常に、顧客の使用する場面を想定しながら、少しでもより有用で使いやすくユーザビリティの高い設計を目指す。そのときに不明点があると、先輩の開発担当者や販売促進Ｇなどに相談するが、それでも十分ではない場合には、販売促進Ｇや商品企画Ｇの担当者と一緒に顧客企業を訪問する。

ある新商品を担当した開発プロジェクト責任者は、開発プロジェクトの期間中、頻繁に、商品企画担当者と一緒に顧客企業を訪問していたと述べている。通常は、商品開発と商品企画の担当者が二人三脚で、プロジェクトを進めるので、顧客企業の製造現場や業務プロセスを一緒に観察・学習することが重要だ。それによって正しい共通認識が醸成できる。前述のように、商品企画担当者は営業分野出身者も多いので、その場合は顧客企業へのアプローチも慣れたものだ。

また、商品開発担当者のなかで、ＣＤＰ制度を活用して販売促進Ｇや営業所を半年程度経験すれば、顧客企業と直接的に接する機会を多く得ることができる。

ある商品開発担当者は、販売促進Ｇを経験したが、そこでは、営業担当者をサポートして、顧客企業へのソリューション提供に取り組んだ。商品開発とは異なり、手段としての商品は既に決められているなかで、多様な価値提案の手法を検討することにより、ソリューション検討の重要な視点を学び能力向上に結びついたと述べている。同時に、多くの顧客企業の現場を熟知できたのは言うまでもない。

商品開発担当者も、統合的価値（機能的価値＋意味的価値）としての顧客価値の最大化を求められるので、このように顧客企業の現場を知るための多様な仕組みが構築されている。

筆者は、他生産財企業から、「自社の技術者にも、もっと顧客企業を訪問してほしいのだが、どうすればよいか」という質問を受けることがある。キーエンスのように、顧客企業の生産性・利益を具体的に高める商品を開発・設計するという「本来の商品開発担当エンジニアの役割」を厳格に求めることが先決だと考える。そうすれば、自ら目的を達成するために、何としてでも、顧客企業を訪問したいと熱望するはずだ。商品開発の目標設定自体を機能的価値から統合的価値へ見直す必要がある。

4　商品開発の成功事例

ここでは、成功した商品の事例をいくつか紹介しよう。まずは、「クランプオン式流量センサ」「画像寸法測定器と3D形状測定機」「レーザ元素分析ヘッド」「蛍光顕微鏡」の5つである。それぞれ、顧客企業の業務のやり方を、大きく変える革新的な商品である。

次に、それらの具体的な商品事例に加えて、キーエンスの強みを象徴する小型化技術と、それを活用した商品も説明する。

これらの商品はすべて、機能的価値（技術・商品仕様）と意味的価値（ソリューション価値）の両方が相乗効果をもたらし、際立った経済的価値を顧客企業に対して提供していることが理解できる。

①クランプオン式流量センサ

流量センサは、配管を流れる液体の量を測定するセンサである（図表６－２）。

一般的に、流量センサを取りつけるためには、配管を切断して組み込む工事が必要だった。商品企画Ｇによって以前から、配管工事をしなくても、外部に取りつけて測定できる、超音波式流量センサの提案がされていた。以前は技術的な課題が多かったが、その後、様々な問題を解決したうえで、２０１５年に最初の商品を市場導入した。

クランプオン式流量センサは、配管工事が必要ないだけでなく、配管の外からクランプするため、流量センサと配管内の液体が接しない構造になっており、流量センサの可動部の破損がなく、定期的な清掃・交換も不要となる。

配管工事の必要がない流量センサへの顧客ニーズと市場が存在するのは明確なので、一般企

図表6-2　クランプオン式流量センサ

（出所）株式会社キーエンス

業であれば、技術的な目処がたてば、喜んで商品化に進むであろう。しかし、キーエンスの経営方針としては、それだけでは、市場導入はできない。多くの顧客企業において、費用対効果が高い商品を目指さなくてはならない。マス・カスタマイゼーションである。

そのため、独自技術による機能的価値での差別化を実現するとともに、顧客企業の活用方法を調査し、その経済的価値の分析と、それを少しでも高める努力をした。

一般的に、このような技術革新が起こると、顧客企業へ大きなソリューション提供ができる可能性と柔軟性が増す。特にキーエンスは、新技術を最大限に顧客価値へ転換する能力が備わっている。第4章で説明したように、新技術とソリューション価値の間で相乗効果を発揮させ、顧客企業へ提供する統合的価値（経済的価値）の最大化を目指す。それが「技術のレバレッジ」の追求である。

具体的には、ソリューション提案の柔軟性を一層高めるために、まずは技術開発によって、なるべく多くの企業で多様な応用が可能な商品を実現した。

例えば、従来は配管の種類に合わせて原理の異なる流量センサを選定して使い分ける必要があったが、キーエンスの流量センサでは、金属配管（鉄、銅、ステンレス）でも樹脂配管でも装着可能である。加えて、水だけでなく油や薬品など、多様な液体を測定できる流量センサを独自技術によって実現することができた。

これらの技術革新には、高い技術力が必要とされるので、競合企業には模倣が困難である。実際に、この商品は２０１５年に発売されたが、現在（２０２２年時点）においても技術的に追従する商品は他企業から導入されていない。新技術開発においても最先端なのである。

パイプや液体などで検出条件が変わっても、センサ機能を低下させない独自技術が優れている。例えば、装着後の安定した検出を実現するために、まず温度・圧力などの環境変動の影響を受けにくくする伝搬時間差方式を採用している。さらには、配管内壁に付着した汚れの影響による受信強度の低下を常時監視し、発信強度を自動制御する信号安定化制御技術を実装している。これらは、電気回路、ソフトウェア、構造設計を統合的に活用する技術力が高いからこそ商品化が可能になっている。

キーエンスの技術開発力の源泉としては、電気回路、ソフトウェア、構造設計の全領域で高い技術力を有していることが重要だ。さらには、それぞれの担当者が別個に局所最適の設計をするのではない。全領域が連携して、難度の高い課題解決に向けて、相互に擦り合わせることで高度な設計を達成している。機能横断型のプロジェクトを重視した組織のメリットを最大限に活用する。このように、技術力と組織マネジメントの両方が、業界でもトップレベルにある。

これらの多様途性の高い優れた商品仕様によって、多くの企業の顧客ニーズに合致して、販売量が増加するという直接的なメリットがある。しかし、それ以上に重要なのが、高度な商品仕様によって、大きな経済的価値を創出するソリューション提案の可能性・柔軟性が高まる点である。

技術開発と並行して、多様な顧客企業における、これらの革新技術の活用方法とそれによってもたらされる経済的価値を丁寧に調査して、なるべく大きな価値（コスト削減など）が享受できるように検討した。配管工事が必要ないことの経済的価値は、顧客企業の製造工程によって大きく異なる。そのため、具体的に商品開発を進めるには、多様な顧客企業が実際に享受できる経済的価値を熟知しなくてはならない。

商品開発プロジェクト責任者は以下のように述べる。

「単に、配管を切らないで装着できるだけということではありません。なぜ、様々な顧客企業がこれを熱望しているのか、実際に、個々の顧客企業にとって、どれくらいの価値があるのか、よく考えて調査して設計しています」

例えば、配管工事がないことによる経済的メリットは、工事の外注費用によって異なる。外注費用は配管の種類や構造によって上下する。工事が簡単で低価格であれば、クランプオン式の価値は低い。また、配管工事によって製造ラインのなかで、どの範囲の工程をどの程度の期間、止めなくてはならないのか、また、それによって発生する損失についても、クランプオン式によって顧客企業が享受する経済的価値を大きく変える。これらすべてが、この商品の真の顧客価値を決定する要因だ。

流量センサが簡単に装着できることによる恩恵も異なる。例えば、流量管理と液体の品質管理を実施することによる生産性向上・コスト削減は、工場の種類や配管の役割・目的によってまったく異なる。また、流量や温度の異常によって装置が破損した場合の損失額など、工場によって大きく上下する。これらの個々の現場でまったく異なる経済的価値の大きさを、具体的に理解しなくては、優れた商品開発はできない。

そのような、顧客企業の費用対効果を検討した結果によって、商品に必要とされる機能や仕様を変更しなくてはならない。キーエンスは、商品開発においても、そのような視点を重視して、検討を重ねるので、顧客価値が高い商品に結びつけることができる。通常の商品開発でも、少なくとも数十社の現場における使われ方を、商品開発担当者が自分で調査して確認する。

一方で、一般的には、このような革新的な商品が開発できて、顧客ニーズが明確だと、それだけで市場導入まで進める企業が少なくない。それでは、顧客企業にとって、本当に大きな経済的価値を有した商品開発はできない。したがって、自社の付加価値（利益）も限定される。

また、企業の目標として、新規事業の立ち上げや、新しい分野への進出を掲げる企業も残念ながらまだ存在する。社会や顧客が求めている商品は、新しい技術が使われていたり新しい分野の商品であったりということではない。使用すると、実際に顧客企業の経営効率と利益が高まり、費用対効果が大きい商品である。

革新的な技術を取り入れた商品で、短期的には顧客価値に結びつかなくても、長期的には大きな価値に発展するタイプのイノベーションもある。キーエンスでも、そのような視点を重視する事例もあるが、例外的である。歴史的に振り返っても、常に社会と顧客にとっての価値の最大化を目指し、それが組織能力の進化・増強に結びつき、長期的にはさらに大きな価値を生み出している。

②画像寸法測定器と３Ｄ形状測定機

自社で製造したり業者から受け入れたりした部品（例えば、歯車やボルト・ナットなど）の加工精度や品質をチェックする目的で、対象物の細かい箇所の寸法を正確に測定するためには、投影機の利用が一般的であった。

　投影機では、測定対象物に照明を当て、投影スクリーンやディスプレイに拡大表示させて寸法を測定する。熟練した作業者であっても、測定するのに長時間を要する。特に段差が大きい対象物であれば、ピントを合わせるのが面倒であり、対象物の位置や向きの調整も何度も行わなくては、複雑な形状は測定できない。

　キーエンスはその課題に対して、対象物全体を被写界深度の深いレンズを用いて画像として取り込み、対象物の形状を記憶して自動で正確に寸法測定ができる寸法測定器「ＩＭシリーズ」を開発・導入した（図表６－３）。

　従来の投影機よりも高価な場合もあるが、多くの顧客が喜んでＩＭシリーズを購入している。この商品も、キーエンスの技術力とソリューション提案能力が高度に統合された商品開発力の賜物であ

図表 6-3　画像寸法測定器（IM シリーズ）

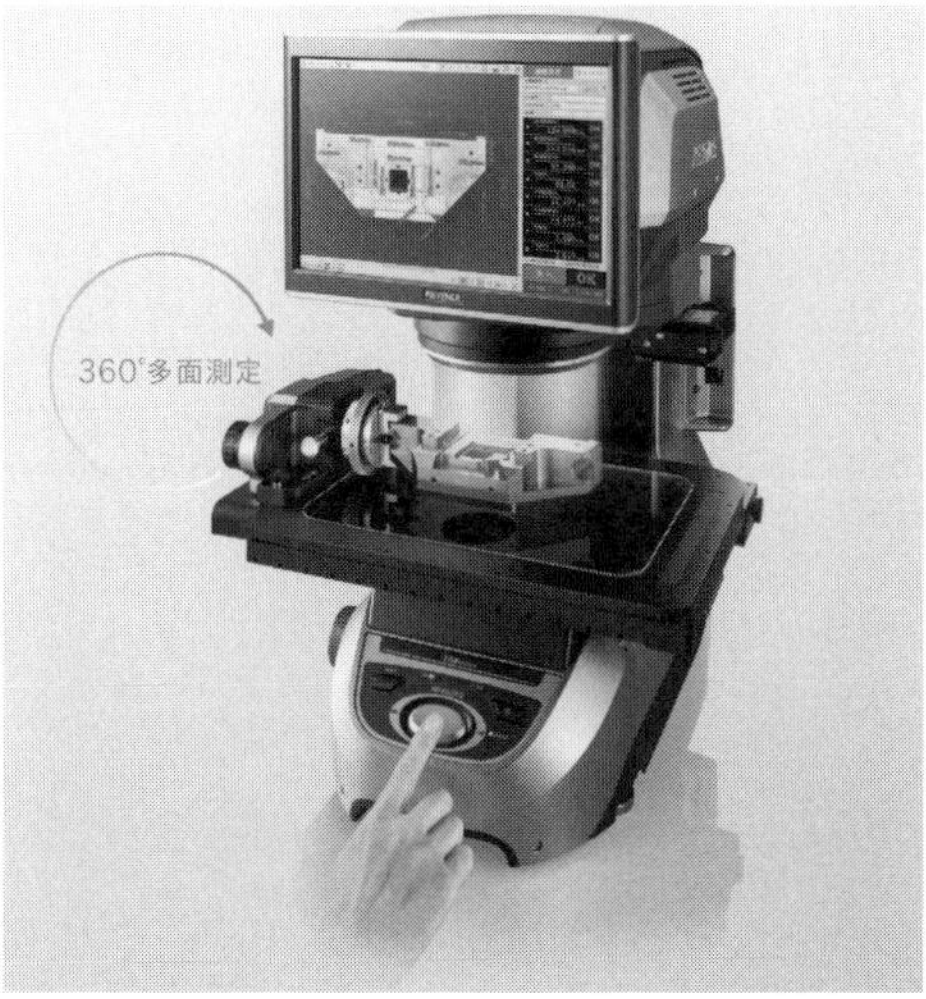

（出所）株式会社キーエンス

る。

キーエンスのカタログ資料「Customer’s Voice」から、ある中規模鉄工所社長の言葉を紹介する。デモ機を見て、購入をその場で決定したと述べている。

「デモの当日、私はまったく興味がなかったので、品質管理部のリーダーに対応を任せていました。しばらくすると、品質管理部のリーダーが駆け上がってきて、『素晴らしいです。社長も見てください』とニコニコしながら言うのです。一緒に降りて行ってデモを見て、その場で購入を即決しました。それまで半年から2年以上の訓練を受けた社員が、数十分から数時間かけて行っていた寸法検査を、入社したての社員でも、数秒で完了できるようになることがわかったからです」


それまで使用していた投影機の操作方法が改善されたといったレベルではない。複雑な形状をした対象物を置いて、ボタンを1回押すだけで１００カ所以上の寸法が即座に測定できる。この商品によって、熟練技能者が行っていた従来の測定業務に関して、測定担当者の選択・配置方法も業務プロセスも根本的に革新できる。

高機能でありながら、そこまで操作が容易だとは、デモを見るまで信用できなかったと述べる顧客が多い。他の多くのキーエンスの商品と同様に、顧客の常識と想定を超えた商品である。

この商品にも、高度な技術が駆使されている。キーエンスは、微細な画像を取り扱うカメラの技術（レンズと光学技術）と画像解析に関わるソフトウェアの技術では、強力な競争優位性を持つ。長年にわたり、画像センサやマイクロスコープの事業でも成功を続け、コア技術として独自の組織能力を蓄積してきている。最先端の高解像度レンズと超高精細ＣＭＯＳセンサを駆使しつつ、ピントを広範囲・高精度で合わせるための、光学技術やデジタル画像処理の技術が極めて優れている。

キーエンスの技術力の強さは、簡単に説明できる特定の要素技術だけではなく、このような高度な総合力によって、驚異的な顧客価値を生み出す組織能力である場合が多い。

本商品に関しても、顧客価値について徹底的に探求した。顧客企業のなかでも、業務における寸法測定器の重要性が高く、使用頻度が高い顧客にとって特に経済的価値が高い。特に、そのような顧客企業の業務において効果的で、生産性を高める機能や仕様を持った商品開発を実現している。

寸法測定が必要な状況として、調達する部品の受け入れ検査や、製造工程内での検査などがあるが、使用される状況によって、寸法測定器がもたらす価値は異なる。例えば、抜き取り検査ではなく、大量の部品を全数検査する顧客にとっては、簡単に手早く検査ができるキーエンスの商品の価値が圧倒的に高い。例えば、1回の測定時間が1時間から10分に短縮される場合に、ある顧客企業で、毎日10回の検査が必要であれば、10時間が2時間以下に短縮できるので、人件費だけでも大幅に縮小される。それと比較して、1日あたり、2回しか検査しない顧客企業であれば、寸法測定器がもたらす時間短縮の価値は格段に小さい。商品開発にとってもこの違いが重要なのは、これらの2社の顧客企業が求める商品仕様や機能なども異なる場合が多いからだ。

万一、検査漏れがあり、不良品が製造ラインに流されてしまった場合の損失額も、工場によって異なる。不良品が使われた商品を排除すればよいのか、または分解調査までが必要になるのか、問題への対処コストも様々である。

なお、キーエンスは、三次元の物体を拡大観察や測定する機器だけでも、画像寸法測定器、三次元測定機（接触／非接触）、3D形状測定機、レーザ顕微鏡、マイクロスコープなど様々な商品がある。ここで説明したＩＭシリーズは、立体的な対象物の表面から見た形状とサイズを、迅速・簡単に測定する画像寸法測定器である。

同様に三次元物体を測定する商品としては、表面から見た2点間の距離だけでなく、曲面の造形も含めた三次元での形状測定ができる商品（図表6－4　3D形状測定機　ＶＲシリーズ）でも好評を博している。複雑な形状の部品で、曲面を考慮した測定や、表面の粗さやうねりを観察するためには、物体の表面を二次元的に捉えるＩＭシリーズではなく、ＶＲシリーズなどで立体として測定する必要がある。

以前は、この目的には、主に接触型の三次元測定機、または触針式の粗さ計や輪郭形状測定機が使用されてきた。これらの機器では、測定器の先端に装着されているルビー製の測定球やサファイヤやダイヤモンド製の触針（どちらもプローブと呼ばれる）を、対象物上にあてて移動させることで測定する。

これらの機器の使用者は専門的な知識とスキルが必要なので、講習を受けなくてはならず、正しく測定するためには多くの調整やキャリブレーションが必要だ。測定する場所は室温を20度前後に保つ必要があるので、冷房費用も莫大にかかる。

また触針式であれば、接触させた場所のデータしか取れない。そのため、顧客企業が測定したいのは面の形状だが、触針式では、結

図表 6-4　ワンショット 3D 形状測定機（VR シリーズ）

（出所）株式会社キーエンス

局は点や線での測定になり、問題の発見や評価が完全にはできない課題も残っていた。

非接触型の３Ｄ形状測定機ＶＲシリーズでは、ここで説明したＩＭシリーズと同様に、誰でもが簡単にボタン一つで三次元の形状測定ができる。そのため、この機種でも、時間短縮や人件費削減によって、大きな経済的価値を生み出す。部品検査の目的で寸法測定をしたい場合にはＩＭシリーズ、粗さやうねりなども含めて複雑な形状を測定したければＶＲシリーズが適切である。

このように、ＩＭシリーズは投影機を、ＶＲシリーズは触針式の輪郭形状測定機を置き換え、単なる改善を超えて、ともに測定方法を根本的に変革するイノベーションである。顧客にニーズを尋ねると、現在使用している投影機等の具体的な操作方法の改善が主体だという。一方で、キーエンスの商品は、顧客企業における、測定業務の位置づけ自体を変えてしまう場合が多い。

さらに重要なのは、顧客企業の使用目的と測定業務全体を教えてもらえば、キーエンスの多様な商品を活用して、各顧客企業が実施したい観察・測定にとって最も費用対効果が高い商品とソリューションの提案ができる点だ。この点も、付加価値向上に結びつく大きな強みになっている。

③レーザ元素分析ヘッド

元素分析の新技術を搭載して、２０２１年に市場導入された新商品「レーザ元素分析ヘッドＥＡ-３００シリーズ」について説明する（図表６－５）。マイクロスコープで拡大観察をしているときに、元素分析をしたい対象物があれば、専用装置を使わなくても、そのままボタンを押すだけで、簡単に元素分析ができる革新的な商品だ。

近年、精密な製造工程が増えるなかで、微小な異物が混入して問題になる事例が増えている。異物混入は大きな事故に結びつく場合もある。代表的には、ＥＶにも使われるリチウムイオン電池であろう。セパレータに異物が付着すると燃焼・爆発してしまう。食品に異物が混入する事例もなくならない。異物の種類や混入理由は多種多様である。様々な金属、プラスチック、有機物、砂など、何がどこから混入したのか迅速に究明しなくては、問題解決ができない。そのために、異物の元素分析が求められる。

通常であれば、顕微鏡やマイクロスコープで異物を発見・特定した後で、別の元素分析のための専用装置に移して分析する。その場合、さらに、元素分析するための前処理に多くの手間がかかる。まず、一般的な分析装置は試料室が小さいので、そのサイズに合わせて、対象物を切断・破壊しなくてはならないことが多い。また、表面の導電性処理が必要な場合もある。加えて、高度な元素分析装置では、内部の真空引きが必要になる。

図表6-5　EA-300シリーズ

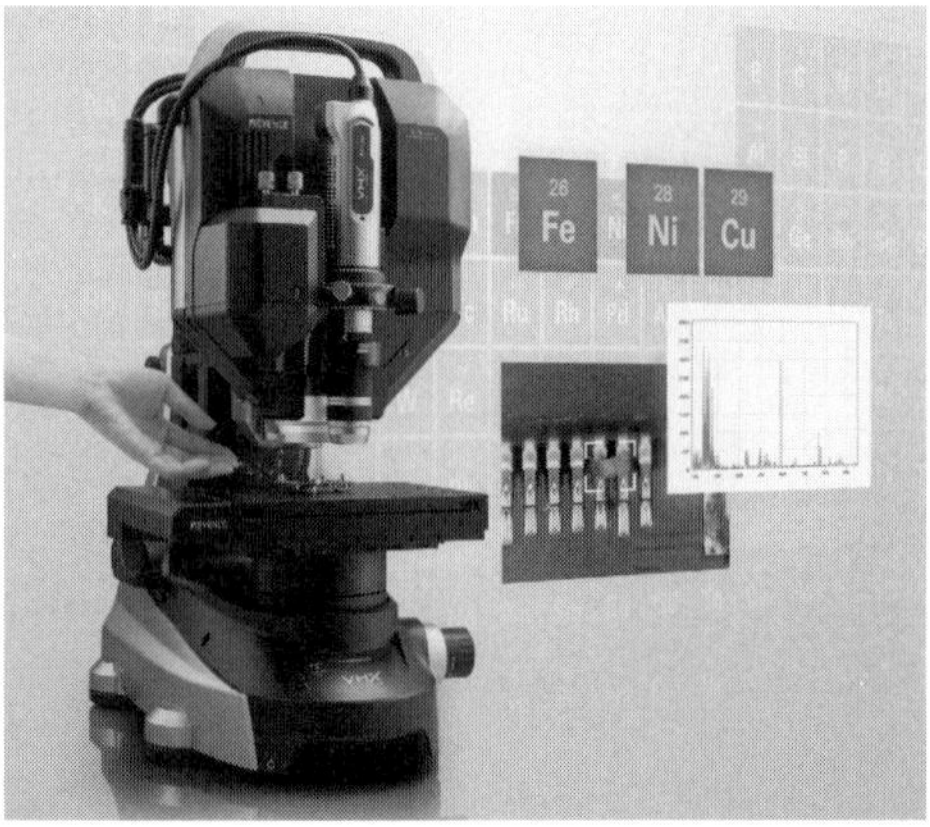

（出所）株式会社キーエンス

このように、通常のやり方だと、専門的な知識を持った担当者でも、対象物を一つ分析するだけで半日近くかかることもある。

キーエンスのＥＡシリーズであれば、マイクロスコープに装着すれば、拡大観察して異物を見つけると、そこへワンクリックで直接ナノ秒レーザを照射するだけで、元素分析ができる。

それによって、例えば、まずは検出元素として、「鉄77・1％、クロム15・9％、ニッケル7・0％」とわかる。次に、その元素パターンだとステンレス鋼で、そのなかでもＳＣＳ31だということが瞬時に表示される。元素パターンのデータベースを使ってＡＩで推定するのだ。材料の専門家ではない顧客が、同じように金属種類を特定しようとすると数時間かかる場合もある。

このように、これまでであれば、一つの対象物の元素分析をするだけで、長時間かかるところを、この商品を使えば10秒で可能になる。複雑な元素分析機器の使用方法や材料の専門知識も必要ない。

確かに、元素分析の目的によっては、より高価で本格的な元素分析装置が必要な場合もある。しかし実際には、そのような装置を使っていた様々な顧客企業を調査すると、大半の元素分析については、より簡単・迅速に分析できるキーエンスの商品で十分だとわかったという。

レーザを使って、元素分析する技術は、レーザ誘起ブレークダウン法（Laser Induced Breakdown Spectroscopy）を使った超高速ＬＩＢＳ解析技術である。この技術を活用して、ＥＡ－３００シリーズのように小型で、拡大観察しながら簡単に元素分析ができる機器は世界で初めてだ。

キーエンスの技術的な優位性としては、レーザ技術と顕微鏡・マイクロスコープ技術の両方を専門にしている点だ。両分野でこれだけ高度な技術力を有する競合企業は見当たらない。レーザ技術は、歴史的にセンサやレーザマーカに広く応用してきた。様々な改良努力を積み重ねてきた結果、レーザ技術を使った商品群は、長年にわたり成功を続けている。

繰り返しになるが、このような技術革新があり、顧客企業の効率が格段に向上しても、実際に大きな経済的価値が生み出されるかどうかは保証されない。この商品では、優秀な商品企画担当者が様々な顧客企業にとっての経済的価値を調査して、顧客価値の大きさを明確にした。この商品の企画担当者は営業・販売促進の出身で、顧客企業の現場知識が極めて豊富であった。

半導体、電池、自動車部品、食品、医薬品など様々な製造・開発現場で、どれくらいの頻度で、元素分析が必要なのか、元素分析が遅れると、製造コストや製品販売にどれくらいの損失をもたらすのか、そのような顧客情報を広く深く知っていなければ、簡単に短時間で可能になる元素分析がもたらす真の顧客価値は把握できない。

他にも様々な視点から、顧客企業にとっての経済的価値を検討する。例えば、自社で元素分析をしないで外注する場合の費用も、業界や分析する内容で数万円なのか数十万円なのか異なるが、そのような情報も顧客価値を理解するためには重要である。

キーエンスの商品開発メンバーは、これらすべてを高度なレベルで調査・理解している。

本事例も、キーエンスの強みが最大限に発揮された商品の一つだ。まず、技術的にもレーザ技術と顕微鏡技術の両方に長けたキーエンスでなければ、開発は困難であった。加えて、顧客価値についても、費用対効果を判断するために、既存の顧客知識を活用しつつ、加えて、多大な調査・分析を行った。それらによって、新技術とソリューションの相乗効果を発揮させた。

技術系大学院出身の商品開発プロジェクト責任者は、顧客知識の極めて高い商品企画担当者と一緒に商品開発に取り組んだのは効果的だったと回想する。商品企画担当者が調査のために顧客企業へ訪問する場合には頻繁に同行した。「商品企画と商品開発が二人三脚で取り組むからこそ、ここまで大きな価値を持った商品ができるんですよ」と強調する。

④蛍光顕微鏡

顧客ニーズへの対応ではなく、顧客の想定を超えた商品を代表する事例の一つが、２００７年に導入した蛍光顕微鏡（ＢＺシリーズ）であった（図表６―６はＢＺシリーズ最新機種）。本事例は、顧客企業の経済的価値を高めるだけではなく、顧客の業務、特にイノベーション創出のやり方自体を根本的に変える革新をもたらした。古い事例だが、その点で、ここに取り上げる価値が高いと考えた。

蛍光顕微鏡とは、蛍光性を持った試料を観察するための顕微鏡で、細胞などの観察のために生物学や医学の研究分野でよく使われる。この蛍光顕微鏡が導入される前までは、顧客はシグナルとバックグラウンドのコントラストを損なわないように、顕微鏡を暗室で使う必要があった。

顕微鏡の商品開発担当者は、顧客が蛍光顕微鏡をどのように使っているのか、注意深く観察していた。そのときに「なぜ暗室で操作しなければならないのだろうか」という疑問を持つようになった。暗室で使うことが常識で、顧客はそれに慣れていたので、顧客ニーズや困りごととしてそれを変えたいという要望を聞くことはなかった。

しかし、暗室に設置する必要がなく、しかも、外部モニターを複数の研究メンバーが議論しながら観察できるようになれば、使いやすくなることに疑問はなかった。

図表6-6　蛍光顕微鏡　BZシリーズ

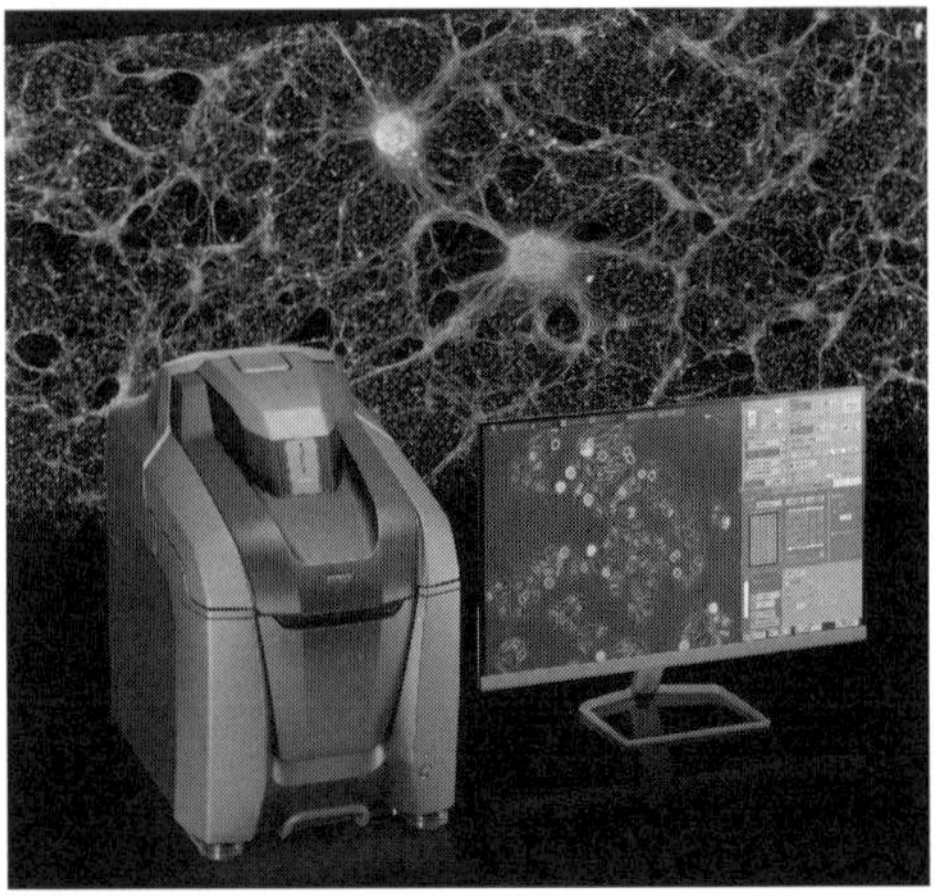

（注）写真は最新機種
（出所）株式会社キーエンス

そこで、顕微鏡全体をプラスチックの筐体で囲み、本体のなかに暗室をつくった。使用者は箱の外から操作し、外部モニターで観察する。結果的に、顧客は蛍光顕微鏡を暗室で使う必要がなくなった。

顧客の慶應義塾大学医学部の佐谷秀行教授は、がん治療の研究者だ。セル（細胞）ベースで薬剤の効果を観察するが、キーエンスの蛍光顕微鏡で、研究のやり方が抜本的に革新されたという（巻末・参考文献／Ｗｅｂサイトを参照：キーエンスＨＰ４）。

「毎日のように暗室にこもって３時間以上、観察していました。細胞の絵をスケッチするのに、ポケットライトで手元を照らしながら描いたものです。この作業は目が疲れるうえに効率が悪いものでした」

スピードも大幅に向上して、数十の切片標本でも、短時間で観察ができるようになったと喜ぶ。加えて、モニターを研究メンバーで一緒に観察しながら議論ができる点の重要性を強調している。
「明視野で使えるので観察がとても楽になりました。また、モニターを大勢の学生と一緒に見ながら、重要な箇所を説明したり、実験についての指示を出せる点が大きなメリットでした。接眼レンズの顕微鏡ではまず考えられませんでした」

キーエンスの商品開発担当者は既成概念に縛られないで、顧客が真に喜ぶ商品を考えつくした結果、このような商品を提案することができたのである。顧客が現状のやり方について抱える困りごとやニーズを聞いてもこのような商品は開発できない。何が欲しいのかではなく、顧客の最終的な目的や実施したい内容をすべて聞き出して、ゼロベースで発想する必要がある。

⑤ソリューションに直結した小型化商品

最後に個別商品ではなく、キーエンスが高い統合的価値を実現するために効果的に活用してきたコア技術に焦点を当てる。多くの高付加価値商品に見られる特徴として、「使いやすさ（ユーザビリティ）」に加えて「小型化」がある。先に説明した４つの事例については、主に常識を超えた使いやすさがソリューション価値に結びついている。

一方で、小型化に関しても、それによって設置できる場所が柔軟に選択できるので、多様なソリューション提案を可能にする。しかし、小型化の技術力が優れていても、キーエンスのように、ソリューション提案能力が高くなければ、その技術力は最大限に活用できない。小型化とソリューションとの相乗効果を生み出すことによって、初めて大きな顧客価値を創出できる。第4章の説明の言葉を使えば、キーエンスは小型化技術をレバレッジして、顧客企業へ大きな経済的価値を提供するのだ。

近年、一般的に、半導体など多くの分野で小型化技術が発展・進化してきた。結果的に、顧客企業の商品の多くが小型化されたので、それらの製造に使われるキーエンスの商品にも小型化が求められるようになった。

キーエンスは創業以来、歴史的にも小型化を考えつくして工夫した商品を次々に開発・導入してきた。それによって、様々なノウハウが組織能力として蓄積され、企業としての強みになっている。独自性の高いコア技術の一つと評価してもよいだろう。

近年の成功事例としては、２０２０年に導入された、従来の10分の１しかない超小型のＣＭＯＳレーザセンサＬＲ-Ｘシリーズがある（図表６－７）。特別なミラー構造を使った三角測距システムを独自開発してここまでの小型化が実現できた。同クラスのＣＭＯＳレーザセンサとしては世界で初めてグリーンレーザを採用したことも、このイノベーションに貢献をもたらした。

この商品が導入された時点で既に、営業担当者は、この超小型センサが大きな経済的価値を創出する顧客企業を多く把握していた。代表的には、既存設備にセンサを後づけで設置したくても、サイズが大きいとスペースに収まらない現場も多くあることを確認していた。既存設備に設置できなければ、すべて新しく設計し直す必要がある。

そのなかでも特に、センサの小型化によるコスト・工数削減が大きい顧客企業に提案すると、その経済的効果に感動してくれた。

例えば、ある半導体の工場で、この小型センサであれば複数並べて設置できたので、製造ラインを一つにまとめることが可能になり、大幅な投資・コスト削減の提案ができた。センサが大きいと、複数の製造ラインに分割しなければ設置できなかったのだ。

また、他の工場では、大きなセンサであれば、工程に入れ込むことが困難で、製造設備の設計に長期間がかかっていたが、準備期間と設計工数を半減することができた。

技術革新によってこれだけ顕著な小型化が

図表 6-7　CMOS レーザセンサ LR-X シリーズ

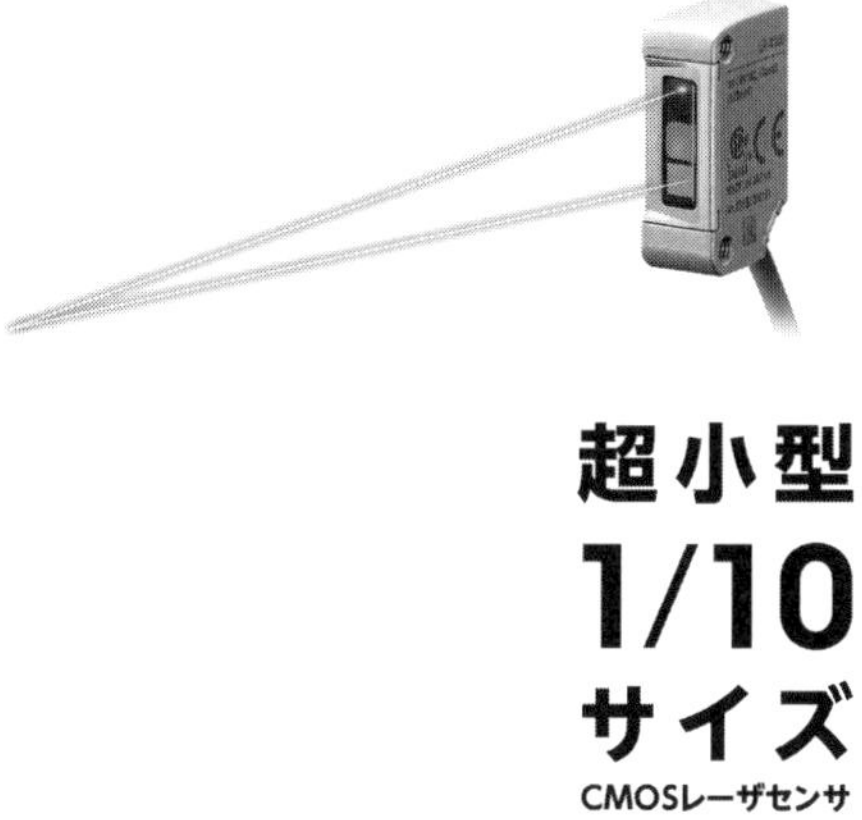

（出所）株式会社キーエンス

実現されると、うまく宣伝すれば、それだけで比較的多くの顧客企業に販売できる。しかし、この小型センサをカタログに載せ、購入したい顧客からの注文に応じて販売するのと、キーエンスのように際立った経済的価値の向上を具体的に提案するやり方では、この技術が創出する価値がまったく異なることは自明である。同じ技術革新でも、多くの顧客に、なるべく大きな価値として提供できるかどうかの違いが極めて大きい。

加えて、商品開発の内容としても、顧客企業の経済的価値を具体的に反映して、それが実現できる仕様や機能を設計開発している点も重要だ。

キーエンスは、創業後間もない時期から、小型化した商品の導入を始めている。例えば、30年以上前のまだリード電機だった時代に、直径３・８㎜の近接センサヘッドを開発して市場導入している（延岡・岩崎、２００９）。

近接センサとは、磁気を利用して金属を検出するセンサである。ロボットの指先（フィンガー）に付けて、つかんだかどうかをこのセンサで確認する。小さくすれば、ロボットの小型化が可能になるし、動力負荷の低減にも結びつく。当時、直径３・８㎜は世界最小であり、ロボットを小型化するためには、極めて重要なセンサとなった。この事例は、前述の創業時から技術的にも先進的だった事実も示唆している。

コイルやフェライトコアなどは、比較的に汎用的な部品構成ではあったが、コイルの巻き線技術の開発、ＳＵＳパイプへの組み付け方法の工夫などによって、世界最小を実現した。このようにキーエンスの技術的な強みは、創業時から常に、特定の要素技術というよりも、統合的な擦り合わせ能力によって目標を達成する設計・開発力にある。

また、１９９０年に発売したＫＸミニシリーズでは、ＦＡの制御を行うＰＬＣ（プログラマブル・ロジック・コントローラ）の小型化を先導した（延岡・岩崎、２００９）。「シーケンサ」の商標で有名な三菱電機が先行していたので後発だったが、ＰＬＣ事業での成功に貢献した特徴の一つが小型化であった。

以前は、自動機制御盤のなかで大きなスペースを必要とし、装置全体を小型化するうえで弊害になっていた。制御盤が小型化できれば、製造工程の設計が柔軟になり、設置コストの低減に結びついた。ＰＬＣがその小型化を妨げるボトルネックになっていた。そのため、ＰＬＣの小型化は、顧客企業にとっての経済的価値が極めて大きかった。

キーエンスはＰＬＣの小型化でも、常識を覆すアプローチを採用した。従来、電子機器はＡＣ電源で駆動するという固定概念のもと、ＰＬＣもＡＣ仕様であった。そのため、ＰＬＣのなかにＤＣ化電源を内蔵するためのスペースを必要としていた。キーエンスはこの固定概念を捨てて、ＰＬＣをＤＣ化した。

その他にも、世界トップレベルの小型化を実現した事例は多く存在する。１９９０年代には、バーコードリーダや画像センサで、読み取る機能の高さも考え合わせると、圧倒的なレベルで、世界最小を記録していた。小型化によって、バーコードリーダや画像センサを多様な製造ラインに組み込むことが可能になった。結果として、多くの顧客企業で、検査プロセスも含めた生産性を大きく向上させて、顧客の収益性改善に貢献した（日経ビジネス、２００３）。

5 商品開発の特徴——まとめにかえて

最後に、新商品開発の特徴と強みをまとめる。

まずは、具体的な特徴の前に、新商品開発においても事業部組織が大きな貢献をしている点を、挙げなくてはならない。９つの各事業部には、その分野における高度な専門家が集結している。そのうえで、各事業部の商品企画も含めて商品開発の主要メンバーは、ほとんど全員が本社の同じフロアで、大部屋方式で協働している。

加えて特に、顧客企業への意味的価値（ソリューション価値）を高める商品開発にとって重要なのは、販売促進Gとも必要に応じて同じフロアで協業できる環境にある点だ。販売促進Gには、マーケティング・営業の視点から、顧客企業へのソリューション提案能力に関して社内でも最も優れた人材が揃っている。世界中の営業活動で得られた顧客企業に関する重要な情報が、すべてここへ集約されている。

このように事業部別に、商品企画、マーケティングから設計開発までイノベーション創出に関連する業務すべてが、機能横断的に見渡せる範囲に集結しているのは理想的である。しかし、多くの大企業では、このような体制になっていない。それを阻害する要因が様々あるのだろう。キーエンスが優れている最大の理由は、この点でも象徴されているように、あるべき姿をきちんと実行していることだ。

①高度な商品企画能力――商品企画Ｇ

事業部制度と大部屋での機能横断的な商品開発と併せて、キーエンスの優れた商品開発を特徴づけるのは、商品企画Ｇの存在と役割である。

現在、消費財だけでなく、生産財企業でも、商品企画の重要性が顕著になっている。

以前から、乗用車や家電などの消費財であれば、莫大な数のユーザーを対象に、顧客ニーズを定量的・定性的に広く深く調査して、独創的な商品企画を実施する専門部門が設置されている場合が多い。そこでは、商品コンセプトやターゲットユーザー、顧客価値、プライシング、競合企業分析も含めた商品企画（および商品戦略）を検討する。

一方で、生産財では、顧客が個人ではなく企業なので、技術仕様などの機能的価値が重要だと考えられていた。また、顧客企業が必要とする部品やシステムの仕様も明確な場合が多いので、ニーズに合わせて求められる製品をそのまま提供すればよいと判断していた。そのため、消費財企業と同様な位置づけの商品企画部門はほとんど見られない。

しかし現在は、機能的価値に加えて、個別顧客の経済的価値を高めるソリューション価値が組み込まれていなくてはならない。しかも、顧客企業のニーズを超えて、利益向上をもたらす商品・ソリューションの提案が求められている。

そのような統合的価値の提案が重要になった生産財では、商品企画の役割が格段に大きくなった。商品企画を専門とした高度な人材を制度的に育てて、活用する組織の仕組みが、生産財企業の高付加価値経営にも必要になっている。

キーエンスは創業以来、商品企画を重視し、最適な人材を選抜して、企画業務へ配属してきた。顧客企業の経済的価値を最大化する商品企画には、営業・マーケティングと商品・技術開発の両方の能力が必要とされる。第3章で説明したＳＥＤＡモデルにおける統合的価値を構想できるＳＥＤＡ人材である。

優れた商品企画を担うＳＥＤＡ人材としては、マーケティングに強い文系出身か、技術・商品に強い理系出身のどちらが良いのかという議論は重要ではない。実際にキーエンスでは、両方のバックグラウンドを持った人材が、商品企画において高度な能力を有した人材として抜擢されてきた。

具体的には、多くの顧客企業の利益が大きく向上する商品を構想する能力が必要である。キーエンスでは、営業も商品開発も全員が常に顧客企業の利益最大化を目指して努力しているので、そのなかから商品企画能力が高い人材が自然に育ち、選抜・抜擢することができる。

②ソリューション提案型――アート思考の商品開発

新商品のコンセプトを創案する際に、顧客企業のニーズや困りごとに直接対応することはしない。顧客が具体的に抱えている問題点や想定する解決策を超えて、驚くほどに生産性を高める提案を目指す。そのためにまずは、多くの顧客の現場において、最終的に実現したい目的を明確にする。そのうえで、開発する商品が使用される前後工程も含めて広い視点から丁寧に観察・理解して、独自に分析・構想した商品・ソリューションを提案する。

前述の蛍光顕微鏡の事例でも、暗室で研究者が使う際の改善点を提案するのではなく、それを超えて、顕微鏡の使い方そのものを根本的に変えてしまった。研究メンバーが全員で一緒に観察できるというまったく新しい活用方法も加えた。

また、コア技術の一つ、小型化商品に関しても、単に小型化のニーズに対応するのではなく、それによって、顧客企業の製造工程や業務プロセスを根本的に変える提案が多い。創業以来、力点を置いているユーザビリティ技術に関しても同様である。

　このような商品開発を実施するために、商品開発Gと商品企画Gが二人三脚で、顧客の開発や生産の現場をなるべく広い範囲で学習して、現状のやり方ではどの程度の費用と工数がかかっているのかを把握する。そのうえで、現状の業務のやり方や常識にとらわれることなく、革新的な商品とソリューションを構想する。

　このアプローチは、現行商品の使いやすさや機能性など使用価値向上を目指すデザイン思考というよりも、自分たちが理想として構想した付加価値向上の哲学や問題解決のアプローチ方法を表現するアート思考に近い（第3章参照）。アート思考によって顧客企業の想定を超えた考え方や商品を提案するからこそ、「こんなやり方があったんだ」と顧客が驚き感動する事例が多い。

　顧客企業の生産性を高めるソリューション提案能力に関しては、商品企画Gの人材はもちろん、優秀な商品開発担当者であれば、キーエンスの商品とは関係なくても、顧客企業のコンサルティングが十分にできる能力を持つ。この点では、販売促進Gはもちろん、優秀な営業担当者も同様である。

　そのような能力が備わっていなければ、アート思考は追求できない。自己表現だけで、結果が伴わなければ、自己満足で失敗に終わる。

キーエンスの社員の多くがそのような能力を構築できているのも、顧客企業の利益向上によって付加価値最大化を目指す経営哲学に依拠している。一般企業では、商品開発は売り上げを重視するので、より多くの企業の顧客ニーズに合致させようと努力する。顕在化した顧客ニーズを知るためには、業務プロセスの目的や内容を深く理解したり、ソリューション提案能力を構築したりする必要はない。

キーエンスでは、常に、多くの企業における業務プロセス全体を学ぶと同時に、生産性向上やコスト削減の方策を考え続ける。顧客ニーズを超えた独自提案ができるコンサルティング能力を磨き続けるのだ。このようにして、付加価値最大化の経営哲学を標榜する商品開発が、顧客企業の想定を超えるアート思考に結びついている。

③技術レバレッジによるソリューションとの相乗効果

驚異的な業績を支えているのは、技術力と営業力の相乗効果であり、新商品開発もそれらを統合して顧客価値の最大化を目指す。相乗効果（レバレッジ効果）を活用するので、商品開発能力が低ければ、営業部隊のソリューション能力も十分には活かせない。

具体的には、新商品開発においても、営業のソリューション能力によって顧客価値が倍化する技術仕様を重視する。例えば、小型化やユーザビリティに関する技術革新においても、それらの直接的効果だけではなく、顧客企業の製造設備・工程や商品開発プロセス自体を大きく変革させて、顧客が享受できる経済的効果を倍増する新商品を目指すのである。レバレッジ効果を活用するためにも、商品が使用される工程だけではなく顧客企業の業務プロセス全体を十分に理解することが求められる。例えば、あるセンサを小型化する場合でも、それによって顧客企業が現在使用している製造工程が変革できるレベルを目指さなくてはならない。本章で説明した、レーザセンサのサイズを10分の1にして、複数の半導体製造ラインを一つにまとめた事例が象徴的だ。

中途半端な小型化で製造工程の改革に結びつかなければ、顧客にとっての価値は限定される。そこまで理解したうえでの商品開発であれば、小型化技術が、顧客企業にとって顕著な投資削減、リードタイム短縮化や人員削減にレバレッジされる。

営業担当者が顧客企業で商品説明する段階でも、商品とソリューションの相乗効果追求が重要だ。ある商品開発担当者は、営業がデモ機で説明する場面を想定して、生産性向上への貢献を効果的に訴求できるように、商品仕様で工夫する場合もあると言う。例えば、ＰＬＣの制御内容の変更が簡単にできる点を、短時間のデモで強力に誇示できる機能などだ。常に、機能的価値と意味的価値からなる統合的価値の最大化を商品開発と営業が一体となって取り組む一例と言えよう。

④顧客価値の最大化を目指したキーエンス流ＶＥ

商品開発の目標も付加価値の最大化であり、そのためには顧客企業の費用対効果を最大化する点は説明してきた。そのために、具体的には、顧客企業にとって２つの視点が重要だ。

第一に、顧客企業の生産性向上などによる、経済的価値の向上である。第二に、購入価格をなるべく低く抑えることが求められる。これまで、前者の重要性を強調してきたが、当然ながら、購入価格が低ければ低いほど、顧客企業にとっての費用対効果は高くなる。

そのため、キーエンスの視点からは、自社商品の製造コストを下げながら、一方では顧客企業の経済的価値を高め、その差分を最大化しなくてはならない。

この考え方は、以前から普及していた、ＶＥ（Value Engineering；価値工学）である。ＶＥとは、製造コストあたりの顧客価値を最大化することだと定義される。ただし、元来ＶＥは、技術系分野で発展した概念なので、顧客価値については、機能的価値を主体に考える傾向があった。

キーエンスの商品開発では、ＶＥに近い概念が活用されているが、顧客価値としては、機能的価値ではなく、意味的価値も加えた統合的価値（経済的価値）である。キーエンス流ＶＥでは、そのような統合的価値の最大化を目指しつつ、それに寄与しないコストは徹底的に削減する。

これを象徴する例として、最先端技術に関する考え方がある。日本企業の多くは、商品性を高めるために、最先端の部品や技術を好んで使う傾向がある。しかし、キーエンスでは、コストに対する顧客価値への役立ち度を吟味して技術や仕様を選択する。

例えば、最先端のプリント基板を使えば、小型軽量の商品が開発できるとしても、最先端技術は高価で品質も安定しないので、あえて使わないことも検討する。前世代のチップを使っても、顧客企業にとっての価値がまったく変わらない場合には、顧客のためにも最先端の部品を使わない方がよい。顧客にとっては、購入価格が抑えられる。加えて、品質も安定しているので、不具合が起こりにくい。そのため、顧客企業の満足度も経済的価値も高くなる。キーエンスの商品開発チームは、顧客企業の使用実態を詳細に理解しているからこそ、正しい判断ができる。

同様のキーエンス流VEの考え方は、個別の商品機能の採否にも適応される。例えば、寸法測定器やマイクロスコープでも、どの調整機能が必要・不必要なのかなど、個々の機能の取捨選択は商品のコストに直結するので、重要な決定事項である。基本的には、それぞれの機能があることによって顧客企業が享受できる経済的価値によって評価する。

機能を削除することによって、商品性自体が高まる事例も少なくない。画像センサ市場に参入したときには、極限まで機能を絞り込んでシンプルな仕様にして大成功を収めた。当時販売されていた他社の画像センサは、機能がいろいろとあっても、使用方法が複雑で、使いこなせる人が限定されていた。結局、操作が複雑で難しすぎて、画像センサを購入しても使用していない顧客も多かったという。顧客企業の使用実態や課題を把握していたので、機能を削除することによって顧客にとって費用対効果の高い商品になった。

このように、顧客価値の経済的価値に関する効果を深く理解しているからこそ、このような部品や機能の選択に関するキーエンス流ＶＥが可能になる。商品開発において、最先端の技術開発に加えて、ＶＥを効果的に活用する独自能力もキーエンスの強みである。

顧客価値に関する知識があまり豊富でない通常の生産財企業は、必要のない高価な部品を使用したり、多くの機能を詰め込んだりして、収益性を圧迫する。顧客企業からすれば、必要としない部分に、高い費用を無駄に負担しなくてはならないことになる。

このようにキーエンス流ＶＥも、顧客にとっての経済的価値とキーエンスの驚異的な付加価値の両方に寄与するのである。第１章の「付加価値とは」でも説明した通り、付加価値を重視するからこそ顧客価値が高くない新技術や追加装備を削除するのである。

終章

学ぶべき
高付加価値経営

本章では、主に他の生産財企業が、キーエンスから学ぶべき点を、簡潔にまとめる。

1 イノベーション——顧客企業の利益増加が社会貢献

製造企業の社会的な役割は、商品・サービスによって、社会と顧客にとって、大きな価値を新たに創出することだ。それがイノベーションである。

生産財企業であれば、特定分野の専門家集団として、顧客企業では考えつかない、顕著な利益向上をもたらすソリューションを提案することだ。つまり、顧客企業が高価な対価を支払っても、大きい費用対効果が享受できる経済的価値の高い商品・サービスの提供である。顧客企業はそれによって経営が改善され業績が高まるので、それこそが最も喜ばしい商品・サービスである。

費用対効果は、顧客企業にとっての経済的価値（利益増加）が投下する費用（価格）に対してどれだけ大きいかである。コスト削減によって顧客企業の購入価格を下げるだけでも、顧客にとっての費用対効果は高まる。しかし、コスト削減だけを追求しても、その方法は限定される。そのため、特殊事情によって、労働賃金が低いとか為替が有利とかの条件がなければ、ある企業だけが、コスト優位性を長期間にわたり維持するのは難しい。

このような理由からも、顧客企業の利益増加に結びつくイノベーションこそが重要である。加えて、このタイプのイノベーションは、社会全体の経済的発展に大きな貢献をもたらす点を強調してきた。

まず、顧客企業の利益向上をもたらして、顧客を豊かにする。次に、顧客企業と自社の利益がともに増加することによって、両社の雇用・給料を潤沢にすると同時に、研究開発費などのイノベーション投資にも結びつく。さらには、国や自治体の税収を増やすし、投資家としての一般市民も潤う。このように、様々な側面から社会を豊かにするのだ。

イノベーションの重要性は、多くの企業が言及するが、真の顧客価値（利益向上）を目標設定している企業は少ない。どちらかと言えば、イノベーションの目標ではなく、活用する革新的な技術やビジネスモデルといった手段を強調する。例えば、「ＡＩを使った革新的な商品」「ＤＸを推進するシステム」といった特定の新しい技術や商品の革新性などだ。

社会や顧客が求めているイノベーションは、革新性やこれまでにない新機能ではなく、具体的な恩恵、多くの場合には経済的価値だ。同様に、新商品や新事業も手段であり、それらを目的化してはいけない。キーエンスのように、常にイノベーションを正しい意味で目指す企業が増えてほしいものだ。

2　顧客ニーズを超えたソリューション提案——強固な専門家集団

キーエンスは、より高度なイノベーション創出を目指して、商品開発と営業に関連する部門が一体になって、顧客企業の生産性・利益が高まるソリューションを常に考えている。それが目的なので、当然のように、顧客企業の現場や業務を熟知しようと努力する。その際には、顧客ニーズや困りごとを聞き出すというよりも、まずは、顧客が実現したい究極的な目的を明確にする。何が欲しいか（ニーズ）ではなく、何がやりたいか（目的）である。そのうえで、担当する商品分野に少しでも関係する範囲であれば、前後工程も含めて、業務プロセス全体を深く理解することを目指す。このアプローチが、顧客ニーズへ対応するデザイン思考ではなく、顧客の想定を超えた提案をするアート思考に結びつく。それが、自社商品の専門家としては、当然だと考えている。

多くの企業では、顧客ニーズを超えた提案は困難だと考えるかもしれない。しかし、そのような目的を持って、顧客企業の現場を徹底的に観察すれば、理論的にもそれは可能である。その点をキーエンスの事例で示してきた。

生産財企業の社員としては当然、自社商品の使用方法やその効果に関しては、顧客よりも高い知識を持つことができる。次に、それを顧客企業の現場でうまく活用できる知識・能力（ソリューション提案能力）を備えることができれば、具体的なニーズは教えてもらわなくても、様々な改善提案ができるはずだ。

　ソリューション提案能力構築のためには、多くの顧客企業の現場において、業務プロセスや使用する技術、直面する問題点などに関して、なるべく広い視点から丁寧に調査・観察をして、多様な視点から貪欲に学ぶ必要がある。そのような学習を通して、高度な専門家になることを目指さなくてはならない。どれだけの生産財企業で、社員みんながそのような意欲を持って能力構築に励んでいるだろうか。

　実際、ほとんどの生産財企業では、このような高度なソリューション提案を目指した経営戦略や組織になっていない。歴史的経緯や様々なしがらみなどに影響を受けた戦略・組織にとどまり生産財企業の理想からは乖離した企業が多い。逆に言えば、キーエンスは、高付加価値経営に長けた生産財企業のあるべき姿を描き、最初からそれを目指した。

　具体的には、まずは直接販売（直販）である。生産財では、直販でなければ、顧客企業に入り込んで現場を学習することは極めて難しい。消費財であれば、生活のなかで、常に多様なユーザーを見かける。そのため、ユーザーを知ることは比較的に容易だが、生産財では困難だ。機能的価値以上に意味的価値の重要性が高まった現在、生産財企業にとって、直販の必要性は高まった。

次に、商品分野を限定した事業部制である。特定分野の商品に関しては、世界で最も詳しい専門家集団だと誇れる組織を目指すためには、担当する商品分野を限定しなくてはならない。この点については、営業も商品開発も同じだ。９つの事業部は、センサ、画像センサ、マイクロスコープ、寸法測定器、制御システム（ＰＬＣ）、マーキング（プリンタ）など、明確に分類されている。各事業部が担当する分野は、理想的な事業スコープになっている。

結果的に、それぞれの事業部門内では、営業も商品開発も、その商品分野に関して真のプロフェッショナルになっている。この目標を達成するために、最適な事業部制を構築したと言った方が正しい。組織は手段でしかないが、正しい手段を選択しなければ結果はついてこない。

事業部内で、機能を横断して共創する環境についても理想的だ。販売促進Ｇ、商品企画Ｇ、商品開発Ｇの３つの組織が本社内で物理的にも組織的にも近接したなかで、頻繁に意見交換・議論をすることにより、顧客企業へ提供する高度なイノベーションを実現してきた。理想的なクロスファンクショナル（機能横断型）組織だ。さらには、密度の高い協働を続けることによって、日々、イノベーションに関する組織能力は高まり続けている。

3　顧客を深く・広く学習する仕組み——マス・カスタマイゼーション

キーエンスの商品の付加価値と収益性が高い理由を最も端的に表す経営コンセプトは、マス・カスタマイゼーションである。これだけ大きな利益をもたらす高付加価値商品なので、個別の顧客企業に合わせてカスタマイズしているのではないかと誤解される場合もある。しかし、経営哲学として資源の効果的・効率的な活用を掲げているので、決してカスタマイズするはずもない。

マス・カスタマイゼーションを活用した顧客価値創出のためには、まず、少なくとも特定の顧客企業において、カスタマイズしたかのような、大きな経済的価値を提供できなくてはならない。次に、同じ商品でそれと同程度の大きな価値を多くの顧客企業で実現する。

そのような大きな価値を多くの顧客の最大公約数として実現するためには、広範な顧客企業の現場に深く入り込んで、製造や開発の方法、プロセスを詳細に知らなくてはならない。「広範で」「深く」という両方を実現することが、一般企業には最も難しい点である。

特に重要なのは、営業担当者も商品開発担当者も、日常の業務を実施するなかで同時に顧客知識を学習できるような業務のやり方と仕組みだ。つまり、ＯＪＬ（オンザジョブラーニング）

の実施である。

そのためには、まずは、業務の目標設定がカギを握る。キーエンスでは、営業でも商品開発でも、ニーズだけでなく顧客情報をすべて聞き出して学習しなければ達成できない目標設定になっている。顧客ニーズへの受動的な対応だけでは、目標とする顧客企業の想定を超えた利益向上の提案はできない。

さらには、それが実現できれば、より多くの顧客企業から、喜ばれて頼りにされ信頼の度合いが高まる。結果的に、相談される機会も増え、より多くを学習できるようになる。マス・カスタマイゼーションによる高付加価値経営には、このような好循環の構築が必要とされる。

4 技術革新とソリューションの相乗効果

キーエンスの強みは、ソリューション提案能力だけではない。一般的な、技術革新の能力でもない。最大の強みは、技術力による機能的価値の向上と、ソリューション提案能力による意味的価値の2つが、単なる足し算ではなく、相乗効果を発揮している点である。

そのためには、営業のソリューション提案能力に加えて、新商品開発にも顧客企業にとっての経済的価値が高まる設計開発を実現できる能力が求められる。

具体的には、技術革新を検討する場合に、技術そのものの機能的価値だけではなく、それが顧客企業の経済的価値を拡大するレバレッジ効果を追求しなくてはならない。そのためには、新商品が顧客の経済的価値へ結びつく因果関係を十分に理解して、提供価値が最大化できる商品と顧客企業を優先しなくてはならない。

一般的な生産財企業の商品・技術開発のエンジニアの多くは、技術がもたらす機能的な顧客価値を理解していたとしても、その経済的価値まで熟考しているようには見えない。現在できていないのであれば、商品開発に取り組む考え方や目標設定を根本的に変えなくてはならない。商品開発の目的は、顧客企業が最も嬉しい商品、つまり経済的価値が高まる商品の開発である。

加えて、前章でも説明したように、優れた商品企画担当者とその組織化が必要だ。近年、統合的価値としてのソリューションを重視すると明言する生産財企業が増えているが、実際にはそれに必要とされる高度な商品企画人材を育成も活用もしていない。

今後、多様な顧客企業に関する知識が豊富で、コンサルティング能力を持ち、事業センスや企画能力が高い商品企画の専門家が、生産財企業のイノベーションにも必須になる。

キーエンスでは、商品企画の担当者と組織は、商品開発に活用すべき顧客企業の情報を蓄積する役割も担う。営業活動のなかで多くの商品開発に役立つ顧客情報を集めても、集約して有効活用することができていない企業が多い。

5 市場の規模と成長ではなく顧客価値での参入

過当競争にある市場に参入しても、自社独自の社会貢献はできない。過当競争とは通常、自社が存在しなくても、競合企業が同様な価値を提供できるので、社会も顧客も困らないことを意味するからだ。多少有利に競争を進めたとしても、結果的に、価格は低下し、利益・付加価値には結びつきにくい。競争によって価格が低下するので、顧客にとっては好都合だという社会的価値はあるが、個別の生産財企業としての存在意義は小さい。

キーエンスは、より大きな社会貢献を目指して、過度な競争が発生しそうな市場は避ける。逆に言えば、顧客や社会に貢献するためには、独自性が発揮できる場所を探さなければならない。それも重要なイノベーション活動だ。

一般的に、急成長して拡大が期待される市場に多くの企業が参入する。結果的に、そのような市場が最も過当競争になりやすい。年々、世界的に優れた企業が増えるとともに技術力が均等化して、競争が激しくなっているので、常にとは言わないが、そのような市場は避けるべき状況が増えている。しかし、日本の大企業の新商品開発を見る限り、マスコミなどが「今後急速に伸びる」と煽る市場を狙う傾向に大きな変化は見られない。
そのような「市場起点の経営」は、あまり好ましくないと、第3章の理論解説編で主張した。キーエンスのように、市場動向以上に、具体的な顧客価値を中心に据える「顧客起点の経営」が優れている。しかし、今でも一般的には、市場起点を重視する企業が多い。市場規模と成長の点で魅力的に見える市場に参入しても、多くの企業が参入するので、結果的に過当競争に巻き込まれる。

多くの企業が顧客起点よりも市場起点の戦略に固執している理由は、２つ考えられる。

第一に、産業により状況は多少異なるが、１９８０年代までは、特に日本企業にとっては大きく成長する市場を狙うのが、正しい戦略であった。これまでのトップマネジメント層は、そのような市場に参入して成長した成功体験を持ち、そこに固執する傾向が強かった。

例えば、１９８０年前後に、ビデオレコーダー（ＶＨＳ）が新商品として発売されたが、競合企業が一緒に参入しても比較的多くの企業がともに成功できた。

しかし、近年では、大型液晶テレビが明示しているように、市場がいくら大きくなっても、ほとんどの企業において付加価値創出ができない事例が増えた。つまり、市場動向以上に、まずは顧客起点によって、独自性の高い大きな顧客価値を具体的に創出することが、イノベーションの必要条件になりつつある。

第二に、多くの企業において、本書で説明してきたような、顧客起点に必要な顧客知識と経営能力が欠けているからである。特に、生産財企業で、キーエンスのように、世界中の何十万社という顧客企業（および顧客候補企業）の製造現場や開発の進め方などの情報・知識を丁寧に蓄積している企業は、他にほとんど見ない。

キーエンスは創業以来、多くの直販営業担当者たちが、毎月数十社を訪問して、そのような情報を集めてきた。さらには、営業だけでなく、商品開発や商品企画担当者も、専門的な視点で、できる限り多くの顧客知識を構築してきた。

加えて、収集した顧客知識を蓄積するための組織と仕組みも必要である。キーエンスでは、各事業部において、営業・マーケティング関係は、販売促進グループ、商品開発関係は、商品企画グループが、顧客知識の蓄積とマネジメントにおいて高度な役割を果たしてきた。

このように、通常の生産財企業が、顧客起点の経営が望ましいと理解しても、短期間での実現は難しい。現状の顧客知識と能力では、多くの顧客企業の費用対効果を同時に最大化できる商品開発やソリューション営業は困難であろう。顧客企業の経済的価値向上を目標設定に活用することさえもできていない。結果的に、商品力や技術力によって機能的価値を中心にした経営から、なかなか脱却できない企業が多い。変革には長い年数を必要とするからこそ、なるべく早期にそのような努力をはじめてほしい。

6 ビジョンと目標の実現を徹底して目指す経営——言い訳の排除

キーエンスと同様に、顧客価値の最大化を目標にした生産財企業は、年々増加している。しかし残念ながら、その目標に向けて、経営戦略、組織構造、組織プロセスや経営施策などのすべてのベクトルを集中化した経営が実行できていない企業が多い。

特に問題なのは、様々なしがらみや社内事情で、目標に適したやり方になっていないのを「仕方がない」と諦める傾向である。キーエンスを事例として企業研修をすると、多くの場合に発せられるのは、以下のように、事業や組織構造などが違うので、同じようにはできないという反応だ。

「顧客価値を考えるとキーエンスの経営が理想的なのはわかりました。しかし、我が社は、キーエンスと違い直販でもないし、商品企画担当もいないのでできないですね（学べないですね）」

理想的だと発言して、それでも、何らかの理由でできないので仕方がないと発言する姿勢を疑う。

例えば、高度なソリューション提案をするためには、営業が担当する商品に関しては真の専門家として高い知識が必要だという点に対しては、次のような言い訳だ。

「商品数が多くて多様な商品を扱わなければならないので、高度な専門家にはなれません」

「我が社は代理店を活用して、直販ではないので顧客に関してそこまで学べません」

別な例としては、商品開発が機能を横断して、マーケティング機能（販売促進G）と一緒に、本社のワンフロアに集結している点に関しても、それはできないという反応が多い。顧客価値の高い優れた商品開発を効率的に実現するためには理想的である。これに関しても以下のような言い訳だ。

「商品開発の各部署は、昔から別のビルに配置されているし、マーケティング部門は地理的にも別の場所にあるので、無理でしょうね」

このように我が社はキーエンスとは違うので、学ぶことができないと考えてしまう企業が多い。しかし、多くの企業にとっては、優れた新商品開発やソリューション営業の優先順位は高いはずである。競争が厳しい近年、自社の都合で理想的な組織の構造や配置が実現できない限り、勝ち切ることはできない。

過去からのしがらみや慣習、部門ごとに異なった利害関係など、企業変革を拒む要因は多くあるので、簡単ではないのは理解できる。特に歴史の長い大企業は、長年継続されている事業ポートフォリオや、経営の考え方などのイナーシャ（慣性）に逆らうのが難しい。

そこでまずは、企業全体を変革することができなくても、自分ができる範囲で、小さくてもよいので、成功事例をつくり出すことが重要である。それが突破口となり、大きな変革に結びつけば理想的だ。

また、少なくとも新規事業開発など、新たに戦略、組織から経営の仕組みまで構築できる場合には、常識にとらわれず原理原則まで突き詰めて、ゼロベースで考え抜くべきだ。そのような理想を追求する姿勢こそが、キーエンスが教示する重要点の一つである。

【参考文献／Webサイト】

・Brown, Tim (2009) *Change by Design: How Design Thinking Transforms Organizations and Inspires Innovation.* Harper Collins Publishers,（『デザイン思考が世界を変える』千葉敏生訳、早川書房、２０１０年）

・Cusumano, M. and K. Nobeoka (1998) *Thinking Beyond Lean: How Multi-Project Management is Transforming Product Development at Toyota and Other Companies,* Free Press/Simon & Schuster.

・Dyer, J. and K. Nobeoka (2000) "Creating and Managing a High-Performance Knowledge-Sharing Network: The Toyota Case," *Strategic Management Journal,* Vol. 21, No. 3.

・March, J. (1991) "Exploration and Exploitation in Organizational Learning," *Organization Science,* Vol.2, No.1.

・O'Reilly III, C. and M. Tushman (2016) *Lead and Disrupt: How to Solve the Innovator's Dilemma,* Stanford Business Books（『両利きの経営』入山章栄監訳、渡部典子訳、東洋経済新報社、２０１９）

・Pine, J. (1992) *Mass Customization,* Harvard Business School Press, Boston, MA.（『マス・カスタマイゼーション革命』江夏健一、坂野友昭訳、日本能率協会マネジメントセンター、１９９４）

・クレイトン・クリステンセン、ジェフリー・ダイヤー、ハル・グレガーセン（２０１２）『イノベーションのＤＮＡ　破壊的イノベータの５つのスキル』櫻井祐子訳、翔泳社

・高嶋克義（１９９３）「事例研究・株式会社キーエンス」『ビジネス・インサイト』１巻３号、現代経営学研究所

・高杉康成（２０１９）『「最強」ソリューション戦略』日本経済新聞出版

・新津泰昭・延岡健太郎（２０１２）「ビジネスケース　ディスコ：競争力の源泉としてのソリューション」『一橋ビジネスレビュー』59巻４号、東洋経済新報社

・日経ビジネス（２００３）「利益率40％驚異の経営　キーエンスの秘密」２００３年10月27日号、日経ＢＰ

・日本経済新聞社編（１９９９）『京阪バレー 日本を変革する新・優良企業たち』日本経済新聞出版

・松下幸之助（１９７８）『実践経営哲学』　ＰＨＰ研究所
・延岡健太郎（１９９８）「部品サプライヤの顧客ネットワーク戦略：顧客範囲の経済性」藤本隆宏他編『リーディングス　サプライヤー・システム』有斐閣
・――（２００６）『マネジメント・テキスト　ＭＯＴ［技術経営］入門』日本経済新聞出版
・――（２０１１）『価値づくり経営の論理』日本経済新聞出版
・――（２０２１）『アート思考のものづくり』日本経済新聞出版
・――・岩崎孝明（２００９）「ビジネス・ケース　キーエンス―価値創造による社会貢献をめざした経営哲学」『一橋ビジネスレビュー』56巻4号、東洋経済新報社
・――・高杉康成（２０１０）「生産財における意味的価値の創出―キーエンスの事例を中心に」『一橋ビジネスレビュー』57巻4号、東洋経済新報社
・――・高杉康成（２０１４）「生産財における真の顧客志向」『一橋ビジネスレビュー』61巻4号、東洋経済新報社
・藤本隆宏（１９９７）『生産システムの進化論―トヨタ自動車にみる組織能力と創発プロセス』有斐閣
・――（２００４）『日本のもの造り哲学』日本経済新聞出版

キーエンスのホームページ（括弧内は確認日）
・ＨＰ１　https://www.keyence-jobs.jp/work/interview/ohori.jsp　(2022/12/24)
・ＨＰ２　https://www.keyence.co.jp/support/japan/　(2022/12/24)
・ＨＰ３　https://www.keyence-jobs.jp/work/interview/imada.jsp　(2022/12/24)
・ＨＰ４　https://www.keyence.co.jp/ss/products/microscope/bz-casestudy/interview-cancer.jsp　(2022/12/24)

延岡健太郎 (のべおか・けんたろう)

1959年広島県生まれ、81年大阪大学工学部卒業、同年マツダに入社。
88年マサチューセッツ工科大学より経営学修士取得、
93年マサチューセッツ工科大学よりPh.D(経営学博士)取得、
94年神戸大学経済経営研究所助教授、99年同教授、
2008年一橋大学イノベーション研究センター教授、
18年大阪大学経済学研究科教授。
主著に『マルチプロジェクト戦略』(日経・経済図書文化賞、有斐閣、1996年)、
Thinking Beyond Lean(共著、中国語、韓国語、仏語へも翻訳、Free Press、1998年)、
『製品開発の知識』(日経文庫、2002年)、
『マネジメント・テキストMOT[技術経営]入門』(日本経済新聞出版、2006年)、
『価値づくり経営の論理』(日本経済新聞出版、2011年)、
『アート思考のものづくり』(日本経済新聞出版、2021年)などがある。

キーエンス 高付加価値経営の論理

2023年3月9日　1版1刷

著　者　延岡健太郎 ©Kentaro Nobeoka, 2023

発行者　國分正哉
発　行　株式会社日経BP
　　　　日本経済新聞出版
発　売　株式会社日経BPマーケティング
　　　　〒105-8308 東京都港区虎ノ門4-3-12

装　幀　野網雄太
D T P　マーリンクレイン
印刷・製本　シナノ印刷

ISBN978-4-296-11740-6 Printed in Japan